技工院校一体化课程教学改革电梯工程技术专业教材

电梯井道机械部件安装

人力资源社会保障部教材办公室组织编写

中国劳动社会保障出版社

内容简介

本书主要包括导轨的安装、层门的安装和缓冲器的安装三个学习任务。

图书在版编目(CIP)数据

电梯井道机械部件安装 / 人力资源社会保障部教材办公室组织编写 . -- 北京：中国劳动社会保障出版社，2020

技工院校一体化课程教学改革电梯工程技术专业教材

ISBN 978-7-5167-4394-2

Ⅰ. ①电… Ⅱ. ①人… Ⅲ. 电梯井 – 机械设备 – 设备安装 – 技工学校 – 教材 Ⅳ. ①TH211

中国版本图书馆 CIP 数据核字（2020）第 074192 号

中国劳动社会保障出版社出版发行

（北京市惠新东街 1 号 邮政编码：100029）

*

三河市潮河印业有限公司印刷装订 新华书店经销

787 毫米 ×1092 毫米 16 开本 8 印张 138 千字

2020 年 5 月第 1 版 2022 年 8 月第 2 次印刷

定价：16.00 元

读者服务部电话：（010）64929211/84209101/64921644

营销中心电话：（010）64962347

出版社网址：http：//www.class.com.cn

http：//jg.class.com.cn

技工院校一体化课程教学改革教材编委会名单

编审委员会

主　任：汤　涛

副主任：张立新　王晓君　张　斌　冯　政　刘　康　袁　芳

委　员：王　飞　杨　奕　何绪军　张　伟　杜庚星　葛恒双

蔡　兵　刘素华　李荣生

编审人员

主　编：雷　震

副主编：蔡祥立　谢健文

参　编：吴家健　肖明智　陈帝龙　李雪峰　邓晓娜

主　审：宁　骏

序

习近平总书记指示：“职业教育是国民教育体系和人力资源开发的重要组成部分，是广大青年打开通往成功成才大门的重要途径，肩负着培养多样化人才、传承技术技能、促进就业创业的重要职责，必须高度重视、加快发展。”技工教育是职业教育的重要组成部分，是系统培养技能人才的重要途径。多年来，技工院校始终紧紧围绕国家经济发展和劳动者就业，以满足经济发展和企业对技术工人的需求为办学宗旨，既注重包括专业技能在内的综合职业能力的培养，也强调精益求精的工匠精神的培育，为国家培养了大批生产一线技能劳动者和后备高技能人才。

随着加快转变经济发展方式、推进经济结构调整以及大力发展高端制造业等新兴战略性产业，迫切需要加快培养一批具有高超技艺的技能人才。为了进一步发挥技工院校在技能人才培养中的基础作用，切实提高培养质量，从2009年开始，我部借鉴国内外职业教育先进经验，在全国200余所技工院校先后启动了三批共计32个专业（课程）的一体化课程教学改革试点工作，推进以职业活动为导向，以校企合作为基础，以综合职业能力培养为核心，理论教学与技能操作融合贯通的一体化课程教学改革。这项改革试点将传统的以学历为基础的职业教育转变为以职业技能为基础的职业能力教育，促进了职业教育从知识教育向能力培养转变，努力实现“教、学、做”融为一体，收到了积极成效。改革试点得到了学校师生的充分认可，普遍反映一体化课程教学改革是技工院校一次“教学革命”，学生的学习热情、综合素质和教学组织形式、教学手段都发生了根本性变化。试点的成果表明，一体化课程教学改革是转变技能人才培养模式的重要抓手，是推动技工院校改革发展的重要举措，也是人力资源社会保障部门加强技工教育和职业培训工作的一个重点项目。

教学改革的成果最终要以教材为载体进行体现和传播。根据我部推进一体化课程教学改革的要求，一体化课程教学改革专家、几百位试点院校的骨干教师以及中国人力资源和社会保障出版集团的编辑团队，组织实施了一体化课程教学改革试点，并将试点中形成的课程成果进行了整理、提炼，汇编成教材。第一批试点专业教材2012年正式出版后，得到了院校的认可，我们于2019年启动了第一批试点专业教材的修订工作，将于2020年出版。同时，第二批、第三批试点专业教材经过试用、修改完善，也将陆续正式出版。希望全国技工院校将一体化课程教学改革作为创新人才培养模式、提高人才培养质量的重要抓手，进一步推动教学改革，促进内涵发展，提升办学质量，为加快培养合格的技能人才做出新的更大贡献！

技工院校一体化课程教学改革
教材编委会
2020年5月

目　　录

学习任务一　导轨的安装

学习目标

1. 能通过识读电梯导轨安装工作任务单，明确安装任务。

2. 熟悉导轨和导轨支架的作用、分类、结构参数及安装位置等基本知识。

3. 能正确识读井道结构简图。

4. 能与项目组长进行专业沟通，根据电梯导轨安装工作任务单的要求和实际情况，在项目组长的指导下制订工作计划。

5. 能正确使用冲击钻、U 形卡板、校轨仪等电梯导轨安装常用工具，正确穿戴安全帽、安全带、棉纱手套等安全用具。

6. 能正确检查和选用电梯导轨部件、配件。

7. 能根据《电梯制造与安装安全规范》（GB 7588—2003）和《电梯技术条件》（GB/T 10058—2009），完成电梯导轨的安装。

8. 能按生产现场管理 6S 标准，清除现场垃圾并整理现场。

9. 能主动获取有效信息，展示工作成果，对学习与工作进行总结反思，并能与他人开展良好合作，进行有效的沟通。

46 学时

工作情境描述

B 区物业花园有 1 台垂直电梯（型号为 MAX-E1050-CO1.75），需要在其井道内安装导轨，电梯安装人员从项目组长处领取安装任务书，要求在两天内完成导轨的安装及调整，完成后交付验收。

工作流程与活动

学习活动 1　明确安装任务（8 学时）

学习活动 2　制订安装计划（6 学时）

学习活动 3　安装实施（30 学时）

学习活动 4　工作总结与评价（2 学时）

学习活动 1　明确安装任务

学习目标

1. 能通过识读电梯导轨安装工作任务单，明确安装任务。

2. 能正确识读电梯安装记录表。

3. 熟悉导轨及导轨支架的作用、分类、结构等基本知识。

4. 能正确识读井道结构简图。

建议学时　8 学时

学习过程

一、明确电梯导轨安装工作任务

电梯安装人员从项目组长处领取电梯导轨安装工作任务单，明确安装项目、时间、人员及地点等。

电梯导轨安装工作任务单

工作任务	安装轿厢导轨和对重导轨
完成时间	180 min 内完成轿厢和对重导轨的安装
人员	在项目组长（教师）指导下单独完成
地点	井道实训室

1．从上述信息中可见：

（1）完成时间：________。

（2）完成方式（　　）。

A．三人组成小组完成　　　　B．单独完成

2．查阅《电梯制造与安装安全规范》（GB 7588—2003）和《电梯技术条件》（GB/T 10058—2009），写出电梯导轨的安装要求。

3．简述企业6S管理标准。

二、明确电梯导轨安装工作过程及施工条件记录

识读电梯施工过程记录表和电梯施工条件记录表，筛选电梯导轨安装过程中需要记录的内容，并在与导轨安装相关的项目后面打“√”。

电梯施工过程记录表

序号	记录名称	相关性
1	电梯运行过程记录	
2	电梯开箱记录	
3	土建验收确认记录	
4	电梯施工条件记录	
5	电梯样板架施工过程记录	
6	导轨支架安装隐检记录	
7	轿厢导轨安装质量施工过程记录	
8	对重导轨安装质量施工过程记录	
9	电梯层门安装质量施工过程记录	
10	承重梁安装隐检记录	
11	曳引装置安装质量施工过程记录	

续表

序号	记录名称	相关性
12	轿厢组装质量施工过程记录	
13	绳头制作隐检记录	
14	悬挂装置安装质量施工过程记录	
15	限速器、缓冲器安装质量施工过程记录	
16	电气装置安装质量施工过程记录	
17	随行电缆安装质量施工过程记录	
18	电气安全装置检查过程记录	
19	电梯主要功能检查过程记录	
20	电梯负荷运行检查过程记录	
21	电梯试运转及平层精度检查过程记录	
22	无机房电梯附加施工过程记录	

电梯施工条件记录表

序号	项目	内容与要求	相关性
一、电梯的工作条件应符合《电梯技术条件》（GB/T 10058—2009）的规定			
1	机房温度	5 ~ 40℃	
2	相对湿度	湿度应保持在电梯及检验所允许的范围内	
3	供电电压	波动在额定电压的 ±7% 范围内	
4	环境空气	不应含有腐蚀性和易燃性气体及导电尘埃	
二、提交验收的电梯应具备完整的资料文件			
制造单位应提供的资料文件		装箱单、产品出厂合格证、机房井道布置图	
		安装、使用及维护说明书（含润滑汇总表、电梯功能表和符号及代号说明）	
		动力电路和安全电路的电气原理图	
		门锁装置、限速器、安全钳、缓冲器、含有电子元件的安全电路（如果有）、轿厢上行超速保护装置的型式试验合格证书复印件	
		紧急救援和紧急电动运行说明（如果有）、电梯整机产品型式试验合格证书复印件或报告书	
		如有防火要求，应具备层门耐火试验证书	

续表

序号	项目	内容与要求	相关性
安装单位应提供的资料文件		安装自检记录（本册）	
		安装过程中事故记录与处理报告（如发生时）	
		变更设计的证明文件（如发生时）、其他有关资料	
三、电梯环境			
1	机房及通道	机房门应为防火门；门应向外开启；机房门应装有带钥匙的锁，机房门可以从机房内不用钥匙打开；门窗装配齐全并应防风雨；门口应有“机房重地，闲人免进”标示牌；机房无杂物，通道应安全、畅通	
2	井道及底坑	无杂物、积水、油污及与电梯无关的设施	
3	润滑	各机械活动部位按产品要求加注润滑油	
4	安全装置	齐全、位置正确、功能有效、安全可靠	

三、认识导轨及导轨支架

认识导轨及导轨支架之前，首先要对电梯的整体结构有一定认识，才能有利于后续工作的展开。

1．电梯的整体结构

查阅相关资料，认识电梯的整体结构。

（1）简述电梯的定义。

（2）简述电梯运行的工作原理。

（3）根据图示写出电梯的结构组成。

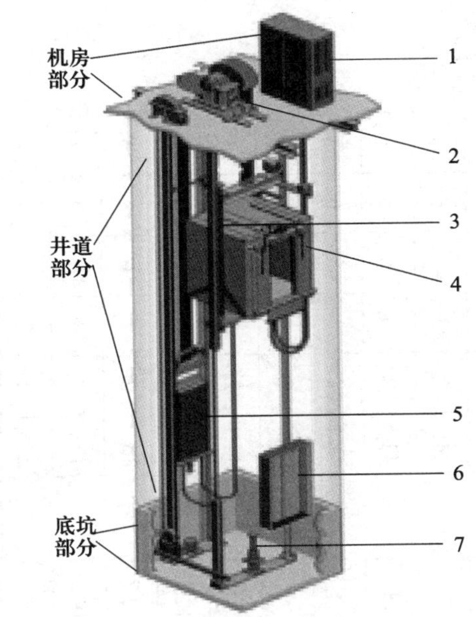

电梯的结构组成

1—________　2—________　3—自动开 / 关门机系统　4—________

5—________　6—________　7—缓冲器

2．导轨

查阅相关资料，认识导轨。

（1）简述导轨的作用和分类。

（2）根据图示写出导轨的名称。

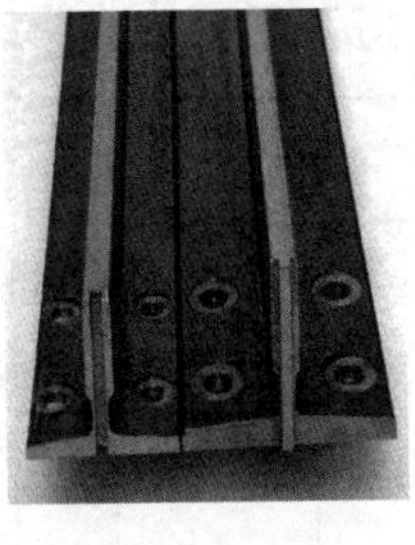

________　　________

（3）认识导轨的结构参数。

对照导轨的尺寸参数表，识读其尺寸标注图，并简述图中 k、h、h_1 和 b_1 等参数的含义。

实心导轨尺寸参数表 1

型号＼参数（mm）	b 尺寸	b 允许偏差	h 尺寸	h 允许偏差	k 尺寸	k 允许偏差	n 尺寸	n 允许偏差	c 尺寸	c 允许偏差	g 尺寸	g 允许偏差	f	r_1	r_2	r_3	r_4	r_5	$\|b_1-b_2\|$
T75	75		64		14		32		7.5		7		9	2	2	5	5	3	
T78	78		58		14		28		7.5	± 0.5	6		8.5	2	2	2	5	2.5	
T82	82.5	± 1.5	70.5		13		27.5		7.5		6		9	2	3	4	5	2.5	
T89	89		64		20		35		10		7.9		11.1	2	3	4	5	3	≤ 1.5
T90	90		77		20		44		10		8		11.5	2	3	6	6	3	
T114	114		91	+2.5 −0.5	20	+1.5 −0.5	40	+2.0 0	10	+0.5 −0.7	8		12.5	2	3	5	6	3	
T125	125		84		20		44		10		9	± 0.75	12	2	3	5	6	3	
T127–1	127		91		20		46.5		10		7.9		11.1	2	3	5	6	3	
T127–2	127	± 1.5（± 2.0）	91		20		52.8		10		12.7		15.9	2	3	5	6	3	
T140–1	140		110		23		52.8		12.7		12.7		15.9	2	3	6	8	4	≤ 2
T140–2	140		104		32.6		52.8		17.5	+1.0 −0.5	14.5		17.5	2	3	6	9	4	
T140–3	140		129		36		59.2		19		17.5		25.4	2	3	7	10	4	

注：括号中尺寸的偏差为普通精度级。

实心导轨尺寸参数表 2

型号	T75	T78	T82	T89	T90	T114	T125	T127–1	T127–2	T140–1	T140–2	T140–3
截面面积（cm^2）	13.000	11.725	12.994	17.873	20.453	24.312	25.452	25.442	31.735	38.200	46.826	61.500
理论质量（kg/m）	10.205	9.225	10.200	14.030	16.056	19.085	19.980	19.972	24.912	29.987	36.758	48.278

空心导轨尺寸参数表 1

型号 \ 参数（mm）	b_1	c	f	h_1	h_2	k	m	r_1	a
允许偏差	±1		+0.2 −0.5	0 −0.5		±0.4			+60′ +20′
TK3	75		2	55±0.2		10±0.2	20	5	90°
TK5	87	≥1.8	3	60		16.4	25	3	
TK8	100±2	≥4	4.5	80		22	30	6	

空心导轨尺寸参数表 2

型号 \ 参数（mm）	b_1	c	f	h_1	h_2	k	m	r_1	a
允许偏差	±1		+0.2 −0.15	±0.3	±1	±0.2			+60′ +20′
TK3A	78		22	60	10	16.4	25	3	90°
TK5A			30						

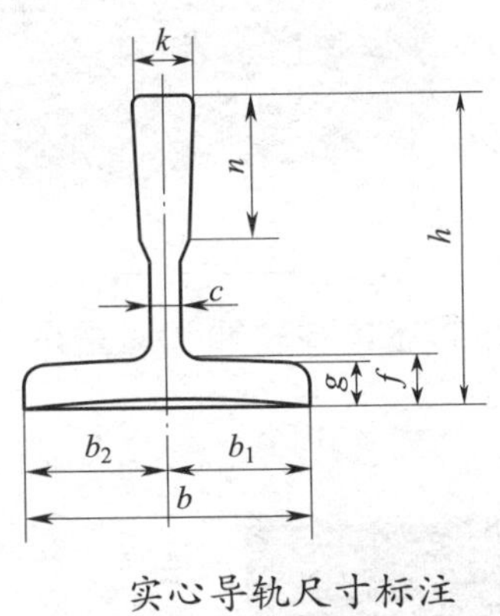

实心导轨尺寸标注

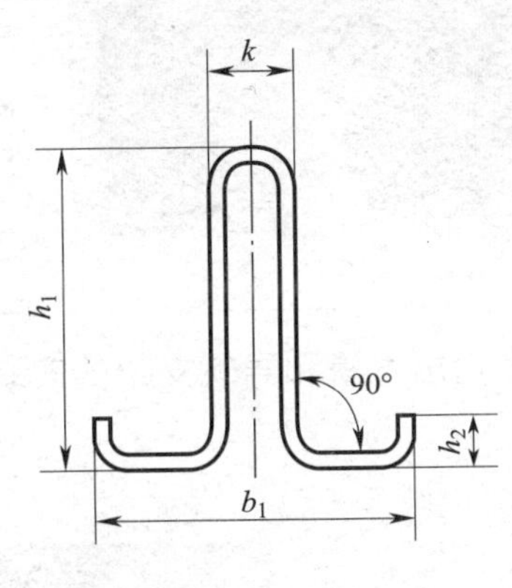

空心导轨尺寸标注

（4）简述轿厢导轨和对重导轨的区别。

3．导轨支架

查阅相关资料，认识导轨支架。

（1）简述导轨支架的作用和分类。

（2）根据图示写出导轨支架的名称。

____

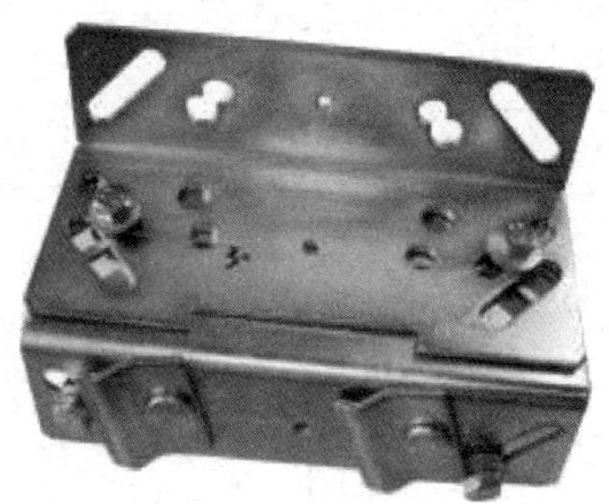

____

（3）现场指出导轨和导轨支架的安装位置，并简述电梯轿厢和对重是靠什么支撑运行的。

现场图

四、识读井道结构简图

查阅相关资料，识读井道结构简图。

1．电梯井道安装的部件有哪些？

2．轿厢导轨和对重导轨安装在什么位置？根据下列井道结构简图，现场指出其安装位置。

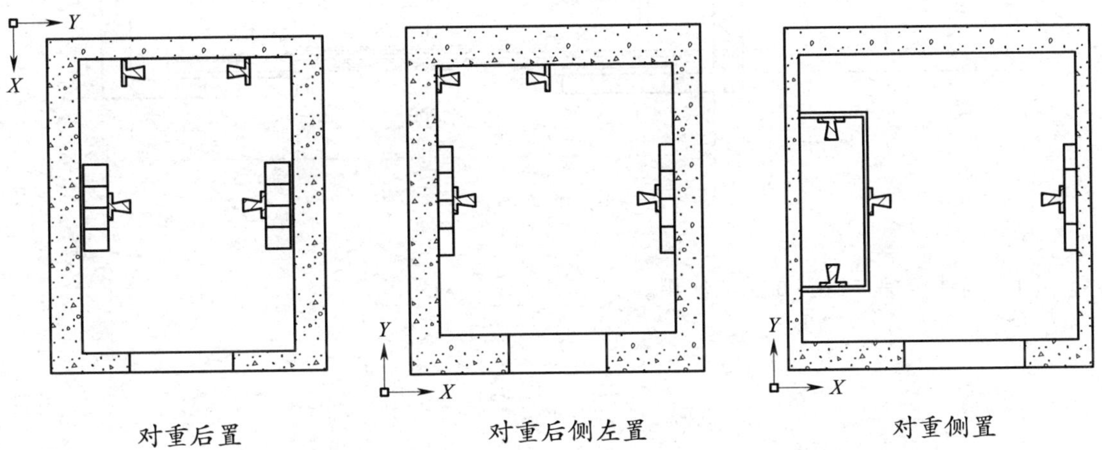

对重后置　　对重后侧左置　　对重侧置

3．采用对重后置方式的导轨在井道中是如何放置的？

4．根据电梯井道平面图，回答下列问题。

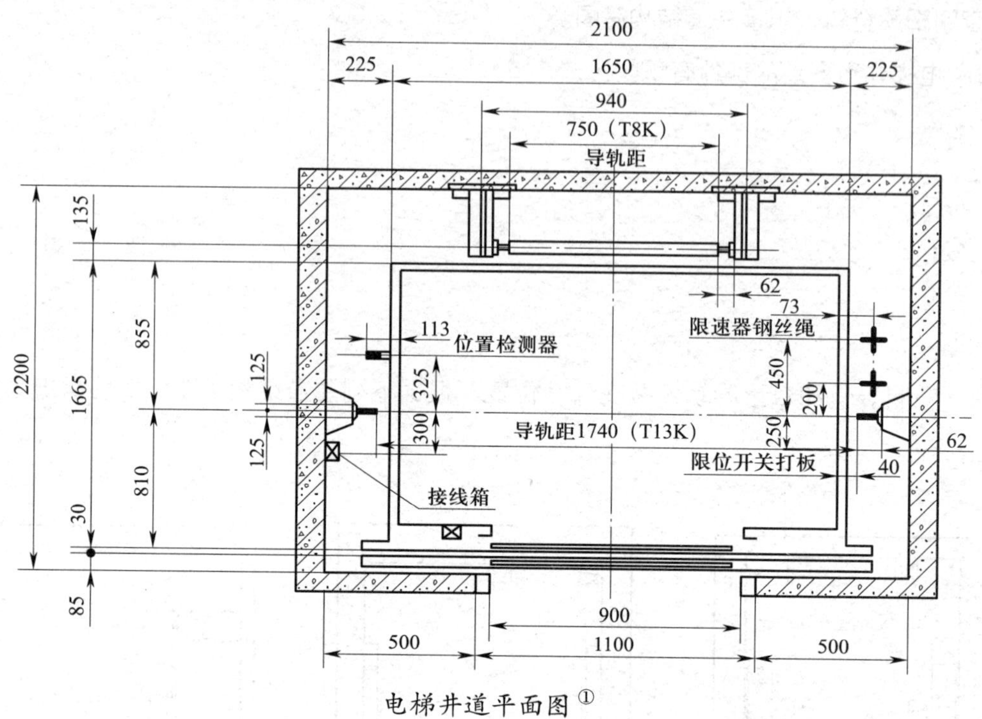

电梯井道平面图①

（1）简述电梯井道平面图的作用。

（2）根据电梯井道平面图，写出相关尺寸参数。

1）轿厢导轨的轨距为________ mm。

2）对重导轨的轨距为________ mm。

3）轿厢导轨的轨高为________ mm。

4）对重导轨的轨高为________ mm。

① 全书所有平面图的单位均为 mm。

学习活动 2　制订安装计划

学习目标

1. 能明确导轨的安装流程。
2. 能根据任务要求，制订工作计划。

建议学时　6 学时

学习过程

一、明确导轨的安装流程

熟悉导轨的安装流程，并填写导轨安装流程表。

导轨安装流程表

1. 安装流程
导轨的安装操作包括：安装后清理现场、检查安全警示牌设置情况、检查施工条件、准备工具和材料、安装后自检、安装导轨等，按正确的顺序填在下面的框中 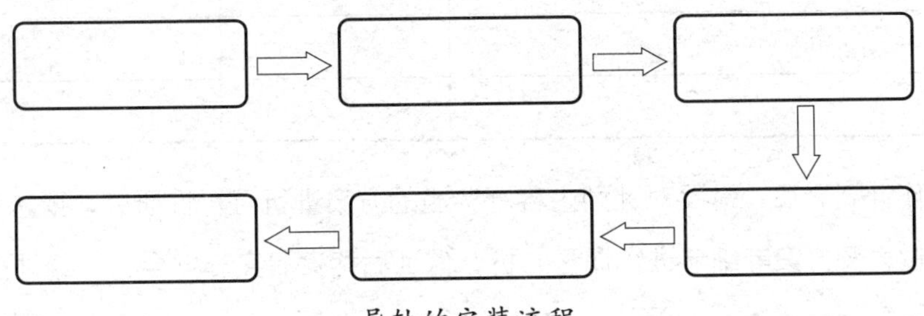 导轨的安装流程
2. 安装注意事项

二、制订工作计划

根据导轨的安装要求，制订工作计划。

工作计划表

1. 电梯型号	
2. 导轨和支架的类型	
3. 所需的工具、设备、资料	
4. 安装导轨的流程	

5. 人员分工

序号	工作内容	负责人	计划完成时间	备注
1				
2				
3				
4				
5				

制订工作计划之后，需要对计划内容、实施的方案进行可行性研究，要求对实施地点、准备工作、过程及方案等细节进行探讨分析，保证后续安装实施安全、可靠地执行。

学习活动3　安装实施

学习目标

1. 能正确使用冲击钻、U形卡板、校轨仪等电梯导轨安装常用工具。

2. 能正确穿戴安全帽、安全带、棉纱手套等安全用具。

3. 能进行垫片、膨胀螺栓等导轨部件、配件的检查。

4. 能完成导轨和导轨支架的安装。

5. 能进行自检与验收。

建议学时　30学时

学习过程

一、领取工具及材料

领取工具及材料，并填写工具及材料领用表。

工具及材料领用表

工具、材料名称	数量	单位	规格	领用时间	领用人	归还时间	备注

续表

工具、材料名称	数量	单位	规格	领用时间	领用人	归还时间	备注
注意事项	1. 领用人应保管好工具，若有遗失，要照价赔偿 2. 易耗或因公损坏的工具、材料应在教师确认后更换 3. 领用工具必须在规定的场合使用，未经允许不得外借						

二、认识、使用工具及材料

1. 常用工具

在安装电梯导轨时，会用到许多安装工具和测量工具，如活扳手、手锤、套筒、卷尺、呆扳手、梅花扳手、磁力线坠、钢直尺、冲击钻、U形卡板、校轨仪等，练习使用常用工具。

常用工具的使用

工具		选用规格	图示及说明
活扳手		用于紧固螺母。导轨及导轨支架连接板固定可选用规格为18~24寸的活扳手	（1）根据要拧的部件调整扳手的尺寸，不能有间隙 （2）活扳手的开口线应与螺母的边平行 （3）注意方向不要弄反

续表

工具		选用规格	图示及说明
手锤	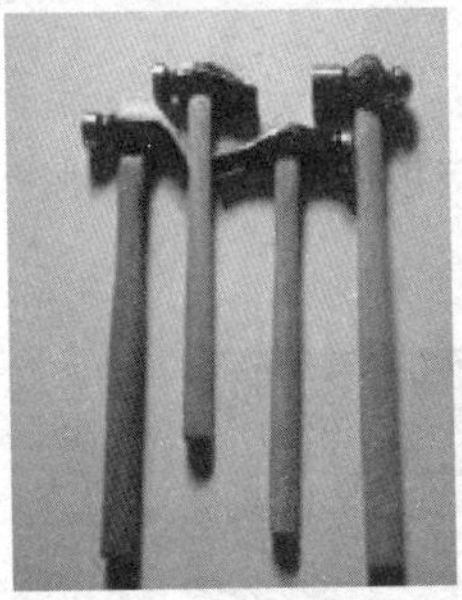	用于敲击、固定和调整导轨支架，在井道壁上可选用规格为 1.5P 的手锤	将手锤对准工件（膨胀螺栓或铁钉）敲击 
磁力线坠	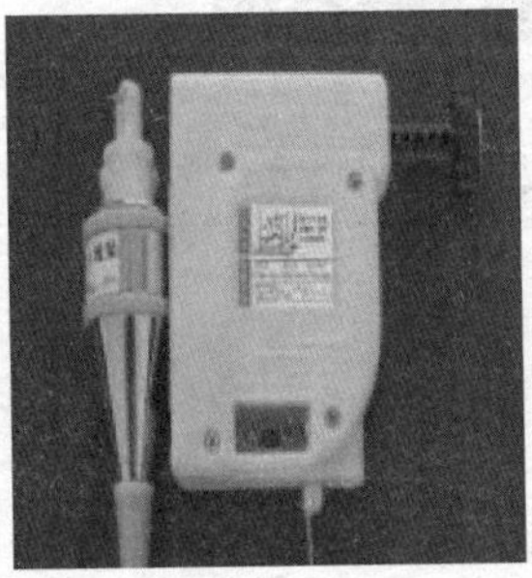	用于线坠固定、吊线垂对 吊导轨的垂直度可选用规格为 6 m × 400 g 的磁力线坠	（1）将磁力线坠固定在门框的最高端，拉下铅锤 （2）用手轻触铅锤使其静止 （3）用钢直尺测量磁力线坠的线与被测物体之间的间距 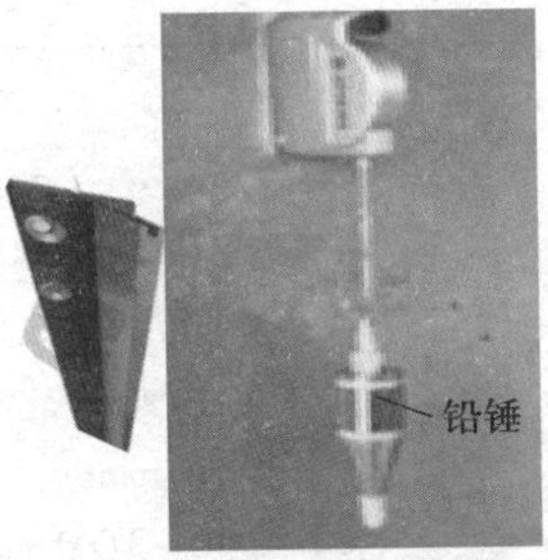 铅锤
套筒		固定导轨支架或导轨连接板的螺母可选用规格为 ϕ(22 ~ 24) mm 的套筒	用合适规格的套筒对准螺母进行紧固 
卷尺		用于测量井道的尺寸或导轨及其他物件的长度，可选用规格为 5 m	测量轿厢的尺寸 

续表

工具		选用规格	图示及说明
呆扳手		用来固定导轨支架、导轨连接板及其他部件的螺母，可选用规格为18 ~ 24 mm	对准导轨支架、导轨连接板或其他物件，紧固螺杆和螺母 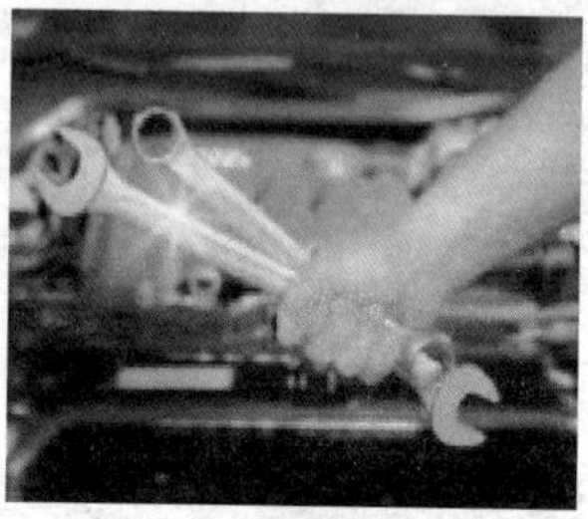
冲击钻		型号：6002；正反转向：有；钻头最大直径：10 mm；转速：0 ~ 3 000 r/min；额定功率：450 W；质量：1.8 kg。主要用于打墙孔和固定导轨支架	（1）用铅笔或粉笔标出孔的位置，用中心冲子冲击孔的圆心 （2）选择合适的冲击钻头 （3）冲击打孔
梅花扳手	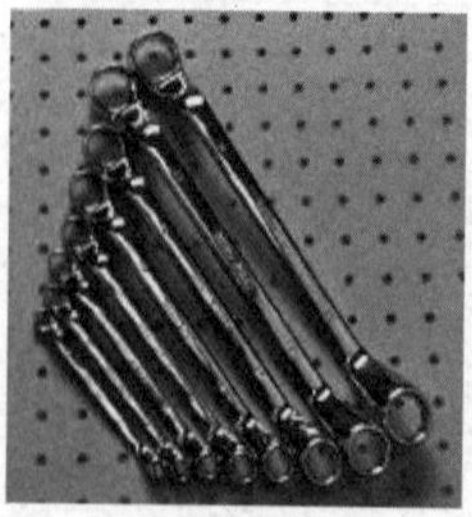	用于固定导轨支架和导轨连接板的螺母，可选用规格为18 ~ 22 mm	使用方法与活扳手类似

续表

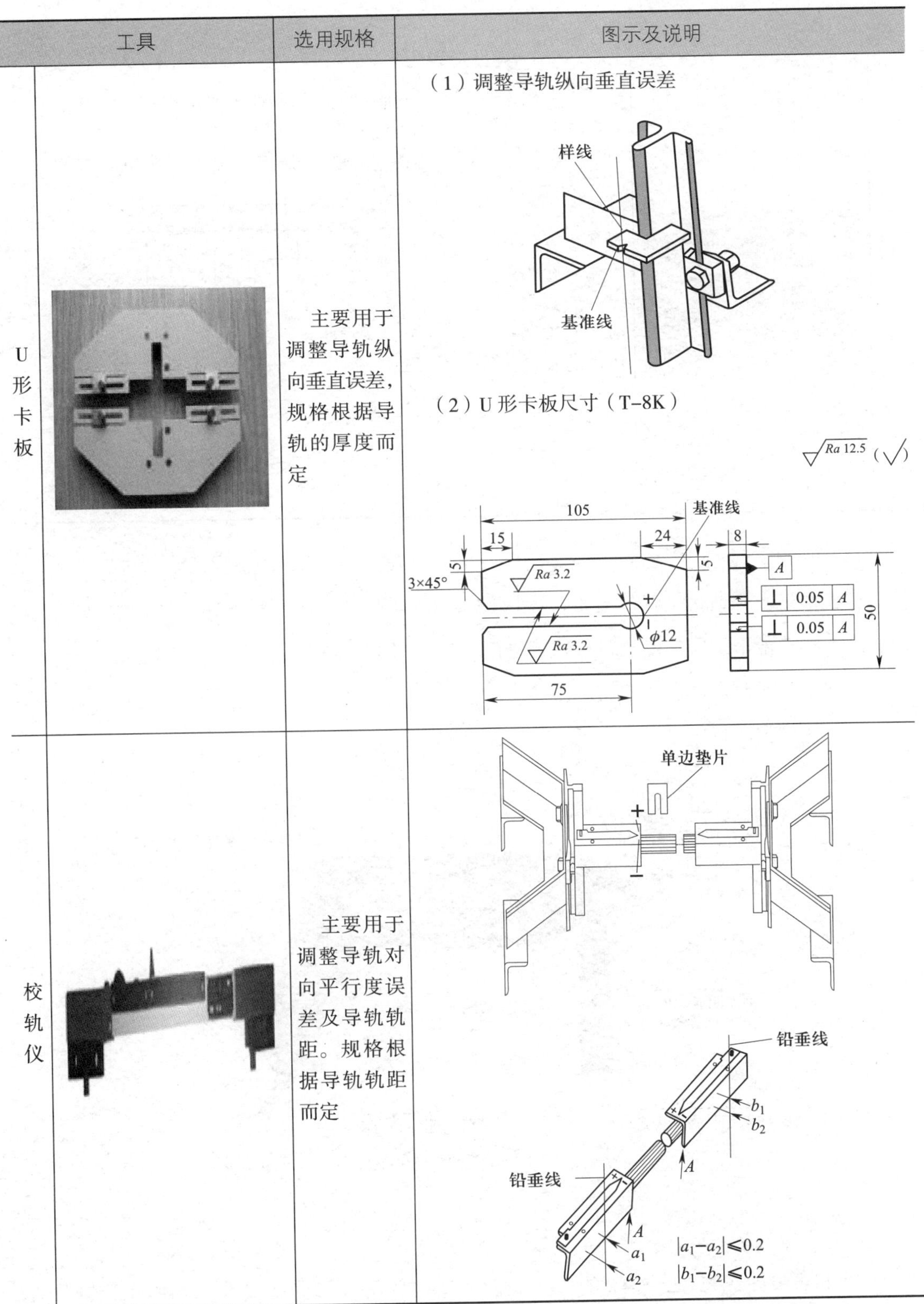

工具	选用规格	图示及说明
U形卡板	主要用于调整导轨纵向垂直误差，规格根据导轨的厚度而定	（1）调整导轨纵向垂直误差 样线　基准线 （2）U形卡板尺寸（T–8K） $\sqrt{Ra\ 12.5}$（$\sqrt{}$） 105　基准线　15　24　8　5　5　3×45°　Ra 3.2　Ra 3.2　+　−　φ12　A　⊥ 0.05 A　⊥ 0.05 A　50　75
校轨仪	主要用于调整导轨对向平行度误差及导轨轨距。规格根据导轨轨距而定	单边垫片　+　− 铅垂线　b_1　b_2　A　铅垂线　A　a_1　a_2 $\|a_1-a_2\|\leqslant 0.2$ $\|b_1-b_2\|\leqslant 0.2$

续表

工具		选用规格	图示及说明
钢直尺		用于电梯导轨支架安装孔距或层门地坎距划线，规格根据不同被测物件的长度确定	（1）以钢直尺左端的零刻度线为测量基础 （2）钢直尺要放正，不可歪斜 （3）用钢直尺测量圆截面直径时，被测面应平整

2．冲击钻

冲击钻是一种适用于在混凝土、砖块、石料、木板及多层材料上冲击打孔的电动工具，依靠旋转和冲击来工作，是进行导轨安装的重要工具之一。

查阅相关资料，认识冲击钻。

（1）根据图示写出冲击钻各组成部分的名称。

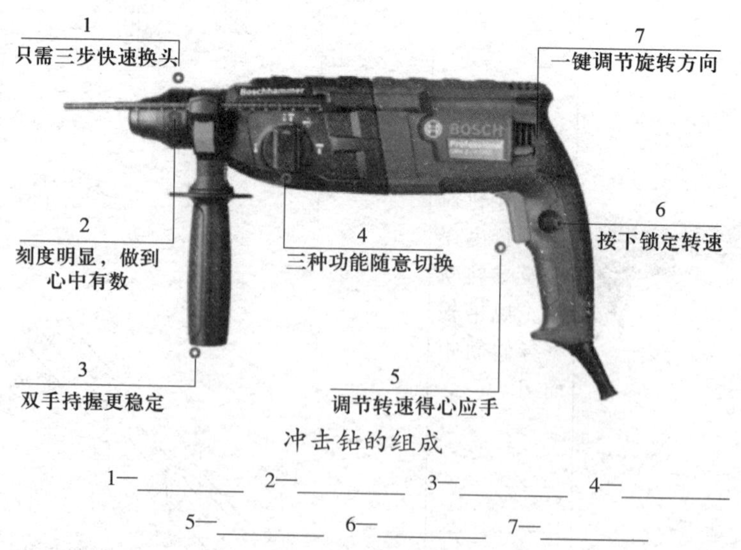

冲击钻的组成

1—________ 2—________ 3—________ 4—________

5—________ 6—________ 7—________

（2）将表中各部件或工作模式的功能补充完整，并说明安装导轨打孔时采用哪种工作模式。

冲击钻组成部件及工作模式

部件或模式	图示	功能
夹头		精钢夹头可以防止钻头脱落和灰尘进入
电子无级调速开关	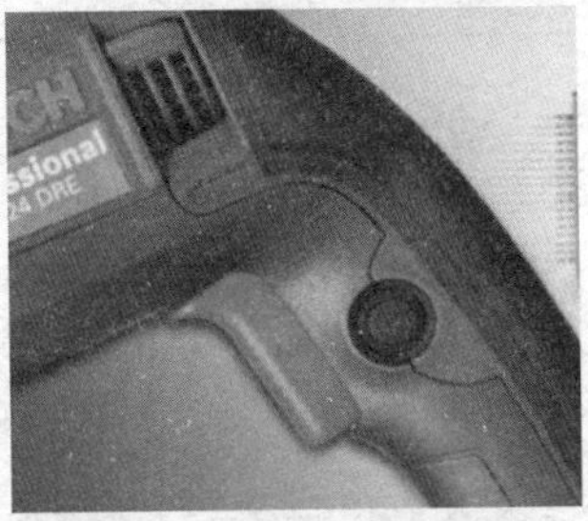	功能：
转换开关	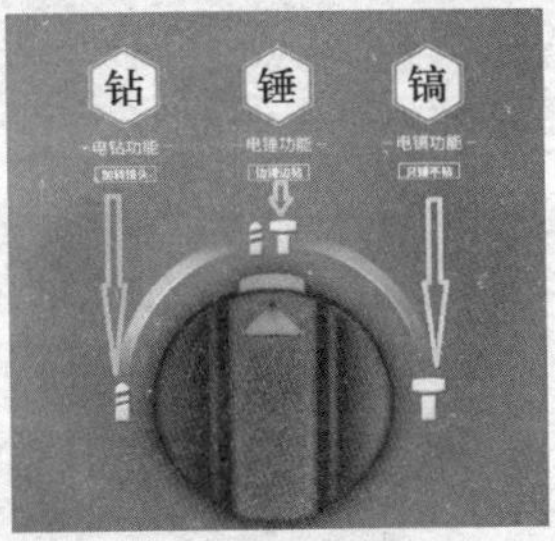	可根据需要转换冲击钻的工作模式
电钻模式	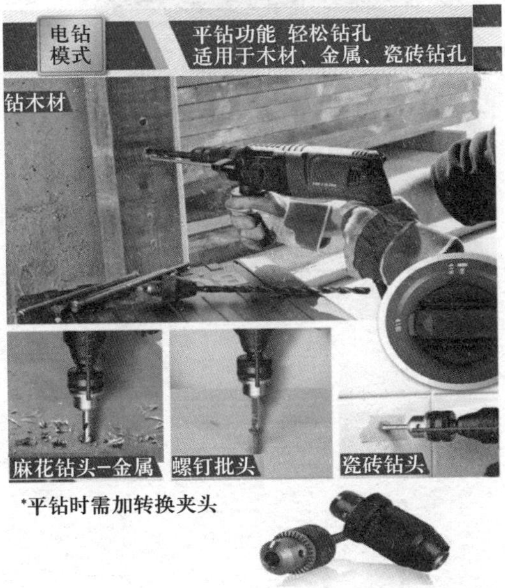	功能：

续表

部件或模式	图示	功能
电锤模式	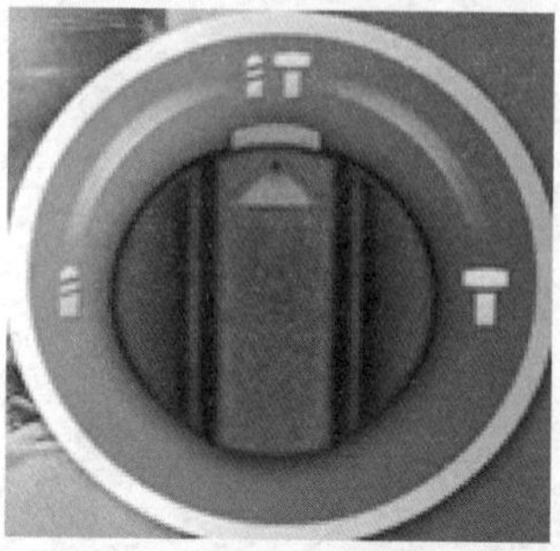 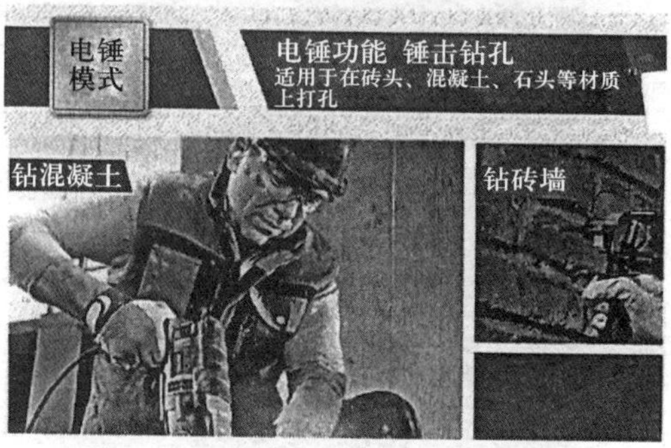	功能：
电镐模式	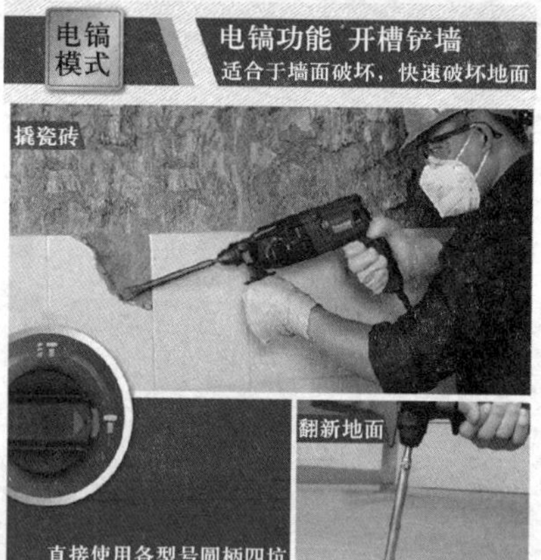	适用于钻墙面、地面

（3）简述冲击钻的使用注意事项。

（4）识别冲击钻钻头，并说明安装导轨打孔时采用哪种钻头。

冲击钻钻头

钻头的种类	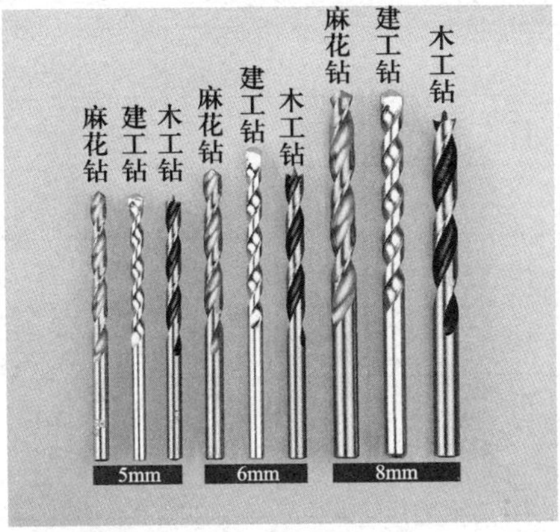
钻头的功能	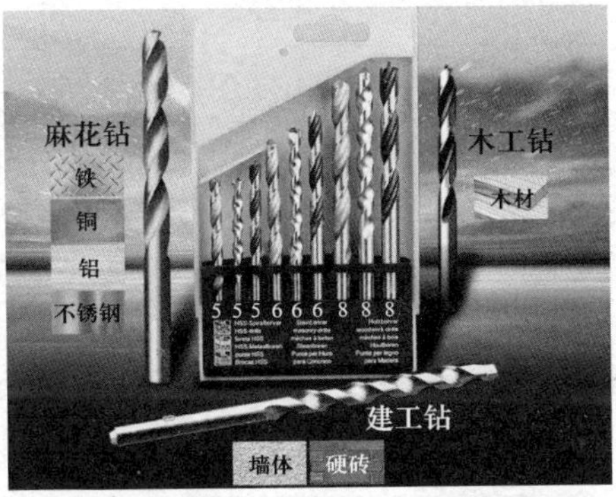

3．膨胀螺栓

（1）认识膨胀螺栓的外观。

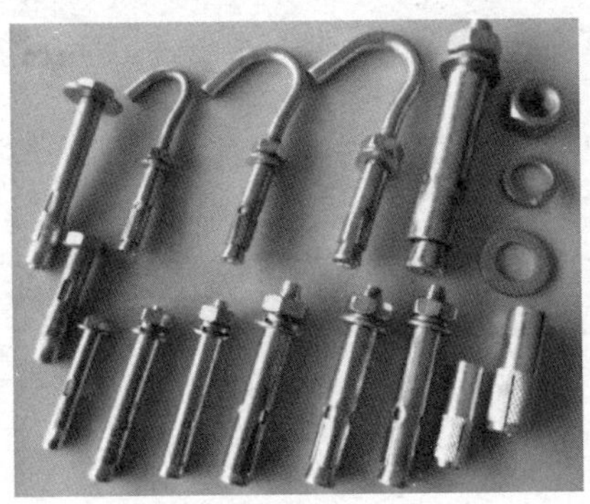

膨胀螺栓

（2）认识膨胀螺栓的规格参数。

膨胀螺栓的规格参数

mm

规格	打孔直径	套管外径	套管长度	套管厚度	平垫外径
M6×50	10	10	30	1.2	6×14×1.2
M8×60	12	12	35	1.5	8×18×1.5
M8×70	12	12	35	1.5	8×18×1.5
M8×80	12	12	35	1.5	8×18×1.5
M10×70	14	14	37	1.6	10×25×2.0
M10×80	14	14	50	1.6	10×25×2.0
M10×90	14	14	40	1.6	10×25×2.0
M10×95	14	14	40	1.6	10×25×2.0
M10×100	14	14	40	1.6	10×25×2.0
M10×110	14	14	50	1.6	10×25×2.0
M12×100	18	17.5	55	1.8	12×32×2.5
M12×120	18	17.5	65	1.8	12×32×2.5
M12×130	18	17.5	80	1.8	12×32×2.5
M16×125	22	22	60	2.5	16×38×3.0
M16×150	22	22	85	2.5	16×38×3.0

M10×100 中数值 10 是指粗度为________，数值 100 是指长度为__________，应选用钻头直径为______ mm。

三、正确穿戴安全用具

在电梯导轨安装中可能用到的安全用具有安全帽、安全带、棉纱手套等，练习使用安全用具，填写安全用具认识表。

安全用具认识表

安全用具	图示	作用及穿戴要点
安全帽		

续表

安全用具	图示	作用及穿戴要点
安全带		
棉纱手套		

小资料

电梯安装安全操作规程

1. 在进行电梯安装时，应首先与客户取得联系，共同研究双方在现场工作中的安全措施与注意事项，共同遵守执行。

2. 安装人员工作前应及时、仔细检查施工现场是否存在不安全的因素，如有不安全的因素必须排除后方可进行工作。工作时必须在每层层门外挂“井下有人工作”的标示牌。

3. 工作前必须穿戴好劳动保护用品，特别注意戴好安全帽。高空作业时必须系好安全带，穿好绝缘鞋，并检查所有要使用的工具，确保其安全、可靠。此外，井道工作必须设置安全网。

4. 在井道工作时，必须采用交流 50 V 工作照明灯，在轿厢内工作时必须采用交流 36 V 工作照明灯。

5. 工作场所下面不允许有人员停留，下脚手架时不准滑下和跳下。

6. 在调试电梯前一定要穿好绝缘鞋、戴好绝缘手套并站在绝缘垫上，否则禁止施工。

7. 开车前各层门要关好，如有其他原因层门不关时应采取防护措施，避免发生事故。经检查安全、可靠后，方可按安装技术工艺规程的规定开车。

8. 在调试中开车人员要配合好调试人员，集中精力，听从调试人员的指挥。

9. 在调试电梯与井道作业时，严禁酒后操作、嬉戏和打闹，做好协作工作。

10. 采用气、电焊时，要遵守气、电焊安全操作规程，注意做好安全防护措施。

11. 要时刻预防触电、物体敲击、高处坠落等事故。

四、检查导轨部件、配件

在进行导轨安装前需要检查导轨部件、配件是否齐全，规格是否符合要求，根据提供的导轨部件、配件，在导轨部件、配件确认记录表中标明其规格、型号和数量。

导轨部件、配件确认记录表

序号	名称	型号或规格	数量
1	实心导轨		
2	空心导轨		
3	配件 1（膨胀螺钉）		
4	配件 2（螺栓）		
5	配件 3（螺母）		
6	配件 4（垫片）		
7	压码		
8	导轨支架		
9	连接板		

1．三视图

在进行导轨部件、配件检查时，需要识读三视图。查阅相关资料，熟悉三视图的基本知识。

（1）几何公差

1）简述几何公差的常见类型。

2）什么是直线度？符号是什么？

3）什么是垂直度？符号是什么？

（2）识图及尺寸标注的基本知识

用正投影法在一个投影面上得到的一个视图，只能反映物体一个方向的形状，不能完整反映物体的形状。因此，要表示物体完整的形状，就必须从多个方向进行投射，画出多个视图，通常用三个视图表示，即三视图。

1）识图的基本知识

识图的基本知识

知识点	说明	图示
三面投影	（1）主视图：物体由前向后在正面所得的投影图，符号为______ （2）俯视图：物体由上向下在水平面所得的投影图，符号为______ （3）左视图：物体由左向右在侧面所得的投影图，符号为______	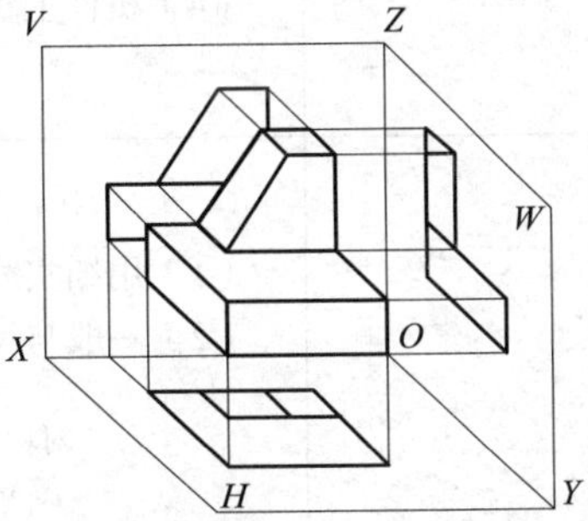 V Z W X O H Y
三视图的投影对应关系（投影规律）	（1）长对正——主视图与俯视图反映物体的长度，相对应投影长度相等 （2）高平齐——______与______反映物体的高度，相对应投影高度相等 （3）宽相等——______ ______	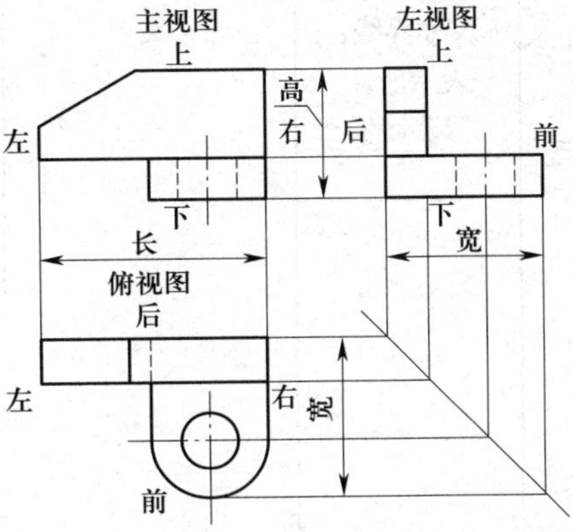 主视图 上 左视图 上 左 高 右 后 前 下 下 宽 长 俯视图 后 左 右 宽 前

续表

知识点	说明	图示
三视图与物体的方位对应关系	物体有上、下、左、右、前、后六个方位，其中主视图反映物体上、下、左、右方位；俯视图反映物体前、后、左、右方位；左视图反映物体前、后、上、下方位	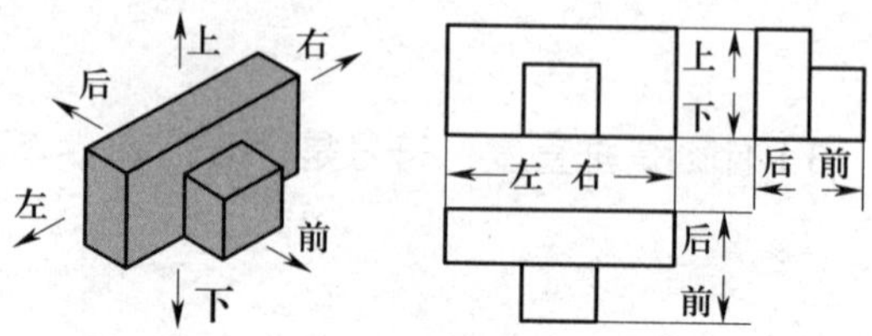

2）尺寸标注的基本知识

尺寸标注的基本知识

知识点		说明
尺寸标注的基本规则		（1）机件真实大小以图样上标注的尺寸数据为依据，与图形大小及绘图准确度无关 （2）图样中尺寸以 mm 为单位，不必标注 （3）图样中所注尺寸为机件________尺寸 （4）机件上每一尺寸只标注一次，标注在表示该结构最清晰的图形上
尺寸标注的三要素	尺寸界线：表示所注尺寸的______	（1）用细实线绘制，从轮廓线、轴线、对称中心线引出 （2）一般与尺寸线垂直，并超出箭头 2 ~ 3 mm 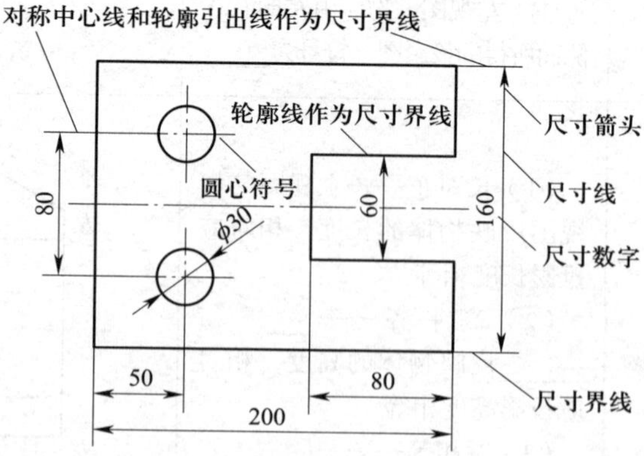 示意图

续表

知识点		说明
尺寸标注的三要素	尺寸线：用细实线绘制	（1）不能用其他图线代替，也不能与其他图线重合或在其延长线上，避免与其他图线______ （2）应与所注线段平行，小尺寸在______，大尺寸在______ （3）标注直径或半径时，尺寸线通过圆心 （4）尺寸线终端的几种形式：箭头（机械图样常用）、斜线（位置不够时采用）、圆点 （5）箭头的尖端应与尺寸界线接触，不得越过或留空 a)　b)　c) 尺寸线的终端 a）箭头形式　b）斜线形式　c）小圆点代替
	尺寸数字	（1）线性尺寸注法中的字一般写在尺寸线上方或左方，也可以写在中断处 1）尺寸线为水平时，尺寸数字______书写，字头向上 2）尺寸线为竖直时，尺寸数字由下向上书写，字头朝左 3）尺寸线倾斜时，尺寸数字的字头方向要有向上的趋势 （2）圆及圆弧尺寸注法 1）圆的直径数字前面加注“ϕ”，尺寸线通过圆心，以圆周为限 2）圆弧半径数字前面加注“R”，尺寸线通过圆心 注：整圆或大于半圆应注直径，小于或等于半圆应注半径 3）小尺寸注法：无足够位置标注时，箭头可外移或用小圆点代替，尺寸数字也可写在尺寸界线外或引出标注 4）角度和圆弧尺寸注法：角度尺寸数字一律______书写；弧长尺寸线是该圆弧同心弧 5）对称机件尺寸注法：尺寸线一端无法注全时，尺寸线要超过对称线一段；分布在对称线两侧相同的结构可只标注其中一侧 6）较长机件沿长度方向的形状一致或按一定规律变化时，可断开后缩短绘制，但尺寸仍按机件的设计要求标注 注：图线不能通过尺寸数字

（3）认识 T 形导轨、U 形垫片的三视图

1）导轨规格 T18K。电梯轿厢导轨的导向面宽度为 18 mm，T 形实心导轨。

2）绘图的基本知识。

绘图的基本知识

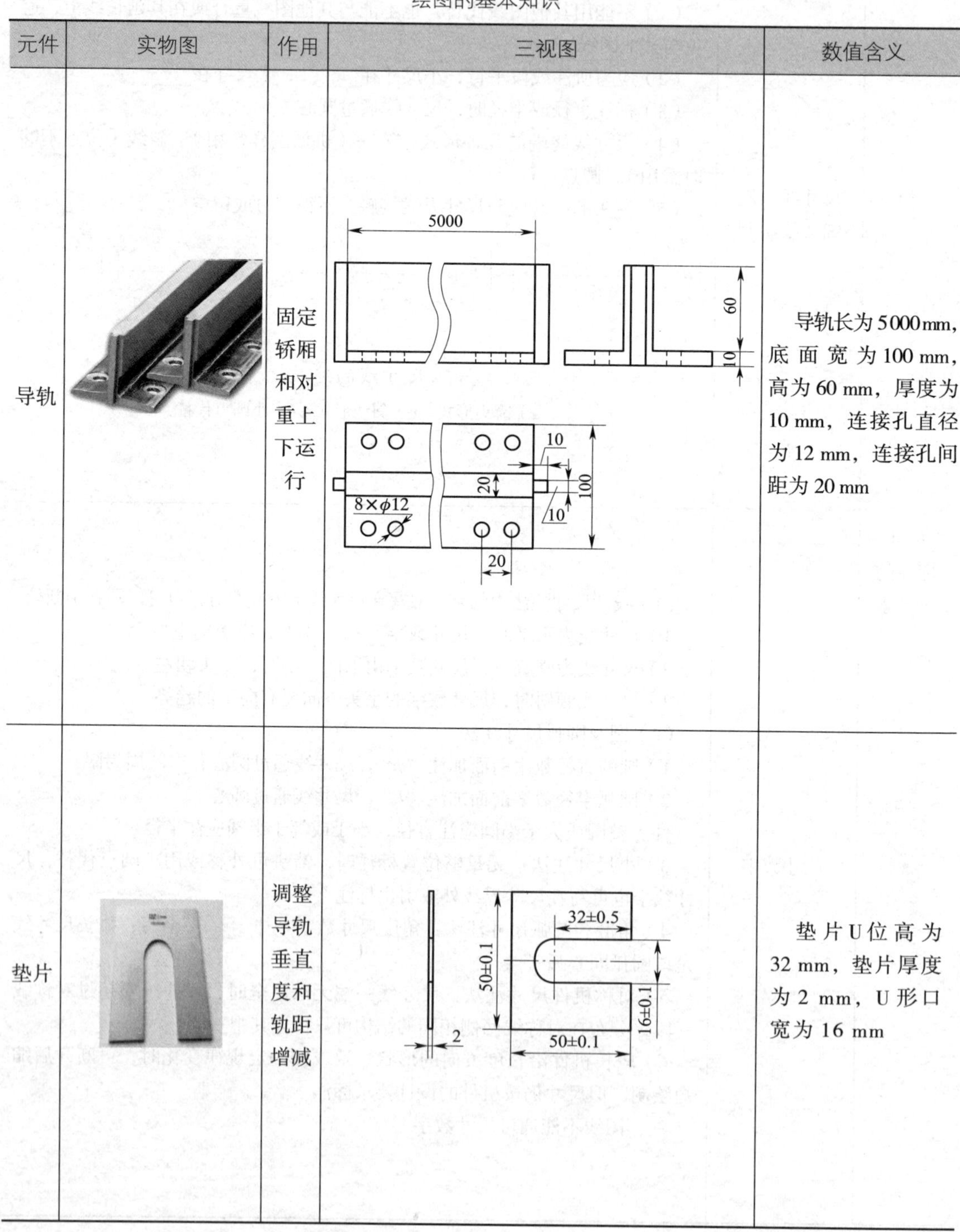

元件	实物图	作用	三视图	数值含义
导轨		固定轿厢和对重上下运行		导轨长为 5000 mm，底面宽为 100 mm，高为 60 mm，厚度为 10 mm，连接孔直径为 12 mm，连接孔间距为 20 mm
垫片		调整导轨垂直度和轨距增减		垫片 U 位高为 32 mm，垫片厚度为 2 mm，U 形口宽为 16 mm

3）在主视图下方补画出俯视图。

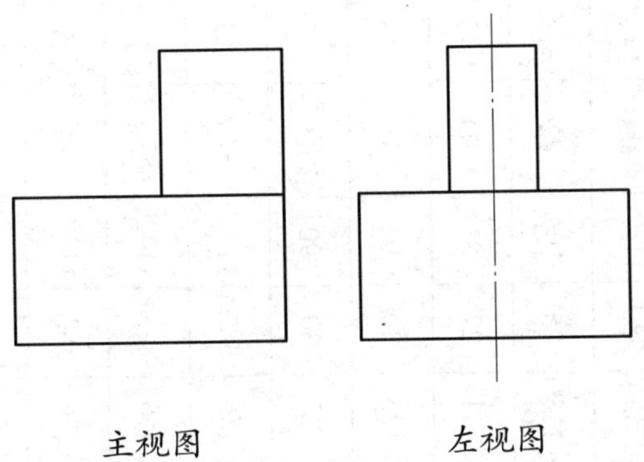

俯视图

4）对照垫片实物画出三视图。

2．导轨和垫片的选用

（1）导轨的选用

在进行电梯导轨的安装前，必须根据电梯的型号及载重量来选取电梯的导轨。

1）认识导轨型号及对应的技术参数。

导轨型号及对应的技术参数

技术参数（mm） 型号	b_1	h_1	h	k	n	c	g	f	r_s	m_1	m_2	t_1	t_2	l	l_1	l_2	b_3	d	d_1
允许偏差																			
	±1.5	±0.75	±0.1	+0.1 0	+3 0		±0.75			+0.06 0	0 −0.06	±0.1	±0.1	+3 0	±0.2	±0.2	±0.2		
T70/B	69.85	50.241 2	49.199 8	15.875	25.4	9.525	7.9	11.1	3	6.400 8	6.375 4	7.137 4	6.35	155.96	38.1	114.3	48.080 2	14.28	N/A
T70−1/B	70	65	64	9	34	6	6	8	1.5	3	2.95	3.5	3	128	25	105	42	13	13
T82/B	82.5	68.25	66.6	9	25.4	7.5	6	8.25	3	3	2.95	3.5	3	111	27	81	50.8	13	26
T75−3/B	75	62	61	10	30	8	7	9	3	3	2.95	3.5	3	123	30	90	43	13	26
T78/B	78	56	55	10	25	8	7	9	3	3	2.95	3.5	3	123	30	90	43	13	26
T89/B	89	62	61	15.88	33.4	10	7.9	11.1	3	6.4	6.37	7.14	6.35	156	38.1	114.3	57.2	13	26
T90/B	90	75	74	16	42	10	8	10	4	6.4	6.37	7.14	6.35	156	38.1	114.3	57.2	13	26
T114/B	114	89	88	16	38	10	8	12	4	6.4	6.37	7.14	6.35	156	38.1	114.3	74	17	33
T127−1/B	127	88.9	88	15.88	44.5	10	7.9	11.1	4	6.4	6.37	7.14	6.35	156	38.1	114.3	79.4	17	33
T127−2/B	127	88.9	88	15.88	50.8	10	12.7	15.9	5	6.4	6.37	7.14	6.35	156	38.1	114.3	79.4	17	33
T140−1/B	140	108	107	19	50.8	12.7	12.7	15.9	5	6.4	6.37	7.14	6.35	193	31.8	152.4	92.1	21	40
T140−2/B	140	102	101	28.6	50.8	17.5	14.5	17.5	5	6.4	6.37	7.14	6.35	193	31.8	152.4	92.1	21	40
T140−3/B	140	127	126	31.75	57.2	19	17.5	25.4	5	6.4	6.37	7.14	6.35	193	31.8	152.4	92.1	21	40

2）查阅相关资料，简述导轨的选用原则。

（2）垫片的选用

在进行电梯导轨的安装前，必须根据电梯的型号及导轨尺寸来选取导轨垫片，常见的垫片有单U形垫片、双U形垫片和平垫垫片等，根据实际情况进行选择。

1）垫片在电梯导轨安装中起到什么作用?

2）查阅相关资料，简述垫片的选用原则。

五、安装导轨

以安装对重导轨为例，完成导轨的安装（轿厢导轨的安装参考对重导轨的安装步骤进行）。

1. 设置安全警示牌和检查施工条件

设置安全警示牌和检查施工条件

项目	参考对象	检查结果	采取措施
检查安全警示牌设置是否合理		合理□	无
		不合理□	

续表

项目	参考对象	检查结果	采取措施
检查施工条件是否符合要求		符合□	无
		不符合□	

2．导轨支架的安装定位

（1）以下工作步骤正确的排序是：__________→__________→__________（填写A、B、C）。

导轨支架的安装步骤

项目	说明	图示
A．导轨支架就位	选择导轨支架，确定导轨支架的位置	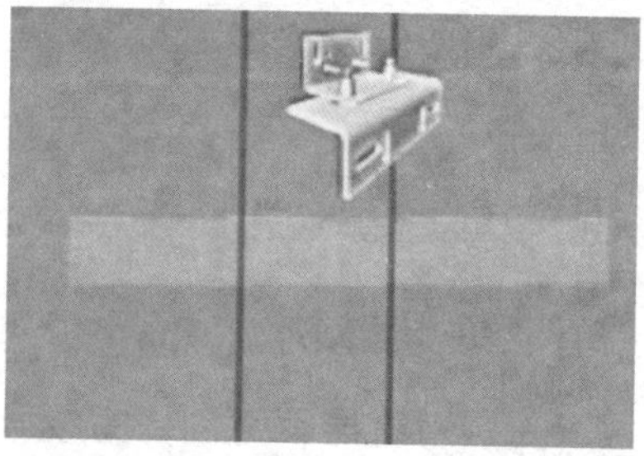
B．紧固导轨支架	定位划线（支架位两孔的孔距为120 mm）	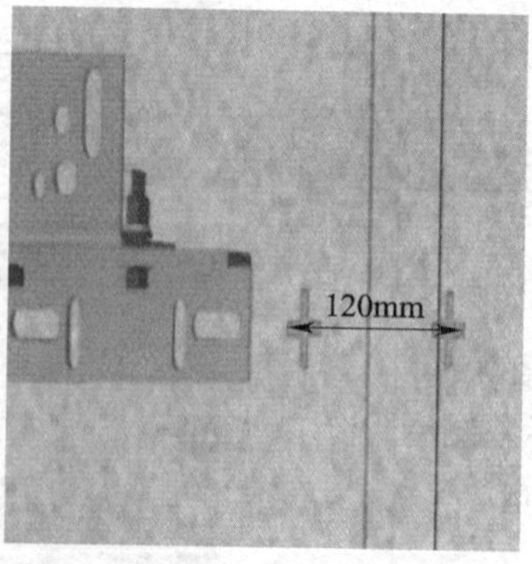 120mm

续表

项目	说明	图示
B．紧固导轨支架	定位钻孔	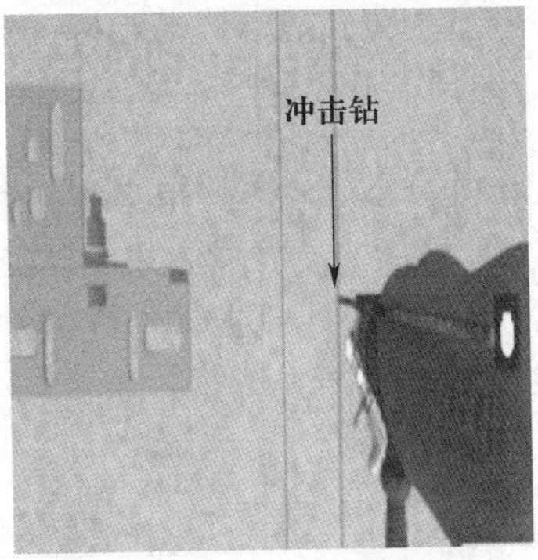 冲击钻
	用手锤敲击膨胀螺栓，使之入位	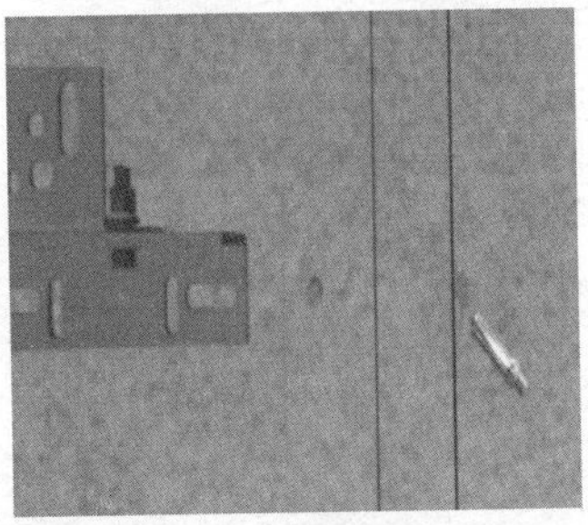
	用呆扳手紧固膨胀螺栓和螺母	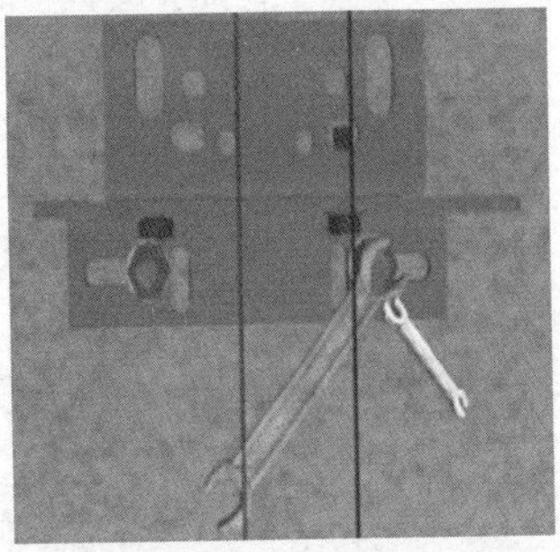
C．调整导轨支架	对准样线位	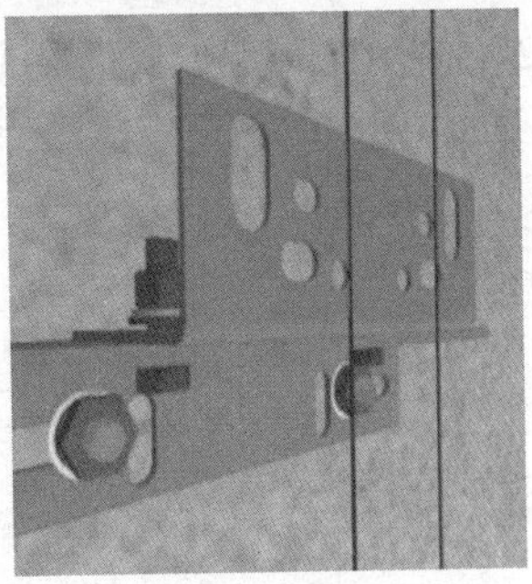

续表

项目	说明	图示
C. 调整导轨支架	用呆扳手松开1.5圈螺栓的螺母，用手锤轻敲移位偏向的支架，以调整其方位	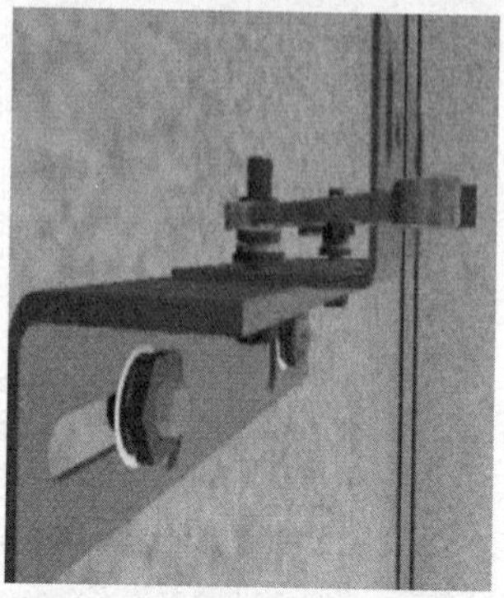
	调整中心	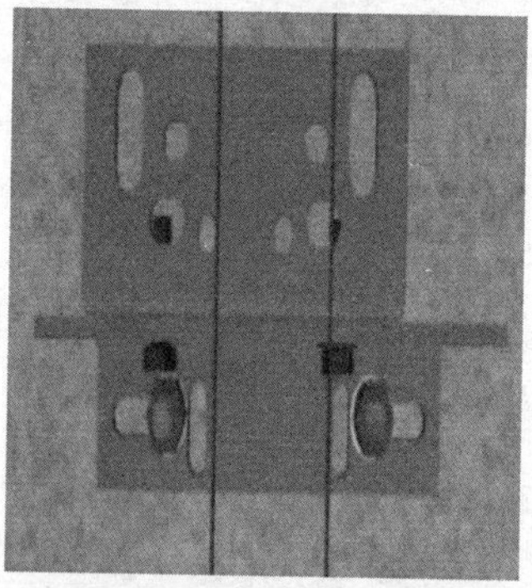
	左右调整完毕，用呆扳手紧固螺栓	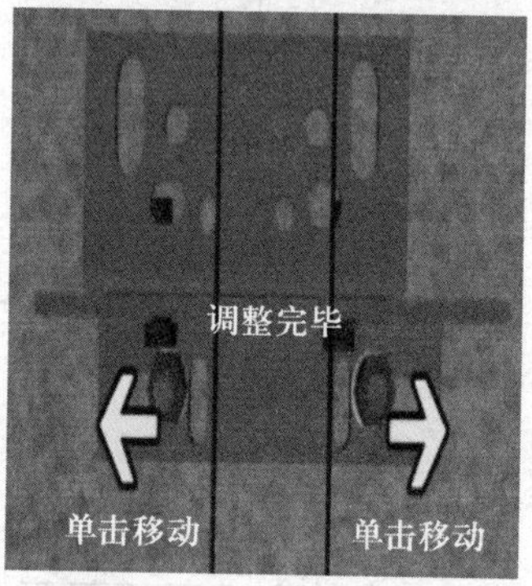 调整完毕 单击移动 单击移动

（2）导轨支架定位安装用到哪些工具？配件有哪些？

（3）导轨支架安装位置之间的距离是多少?

3．吊装导轨

（1）以下工作步骤正确的排序是：________→________→________→________（填写A、B、C、D）。

吊装导轨

项目	图示
A．将套环螺栓穿过连接板并紧固，用绳头卡环勾住套环	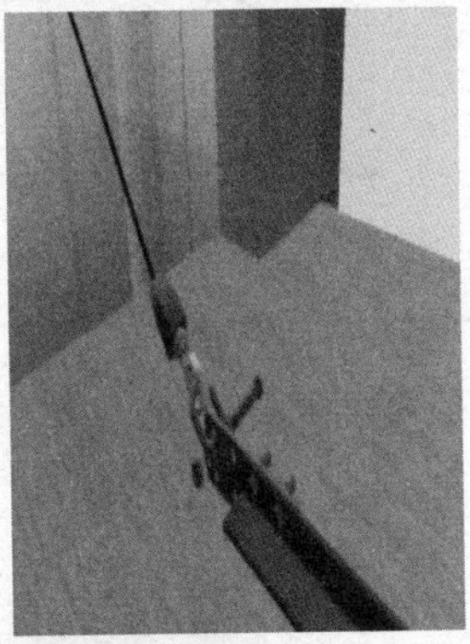
B．用导轨一端的螺栓固定连接板（配合钢丝绳和套环）	 钢丝绳 套环 连接板 导轨

续表

项目	图示
C．用手握住导轨绳，牵引导轨吊进井道内	
D．站在层门口观察曳引机吊装导轨	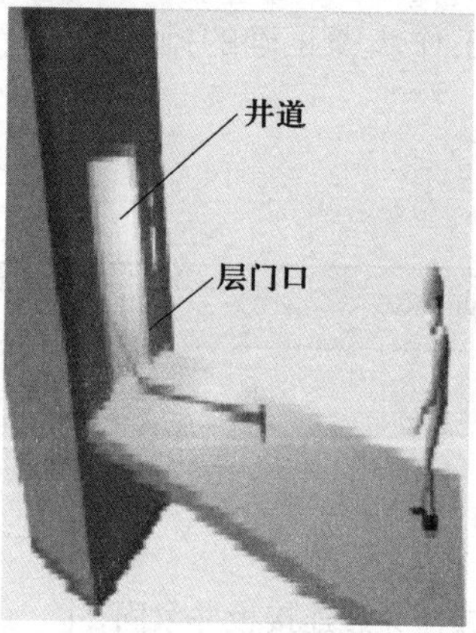

（2）吊装导轨需要用到哪些工具?

4．导轨安装连接固定（以一条固定连接为例）

导轨安装连接固定

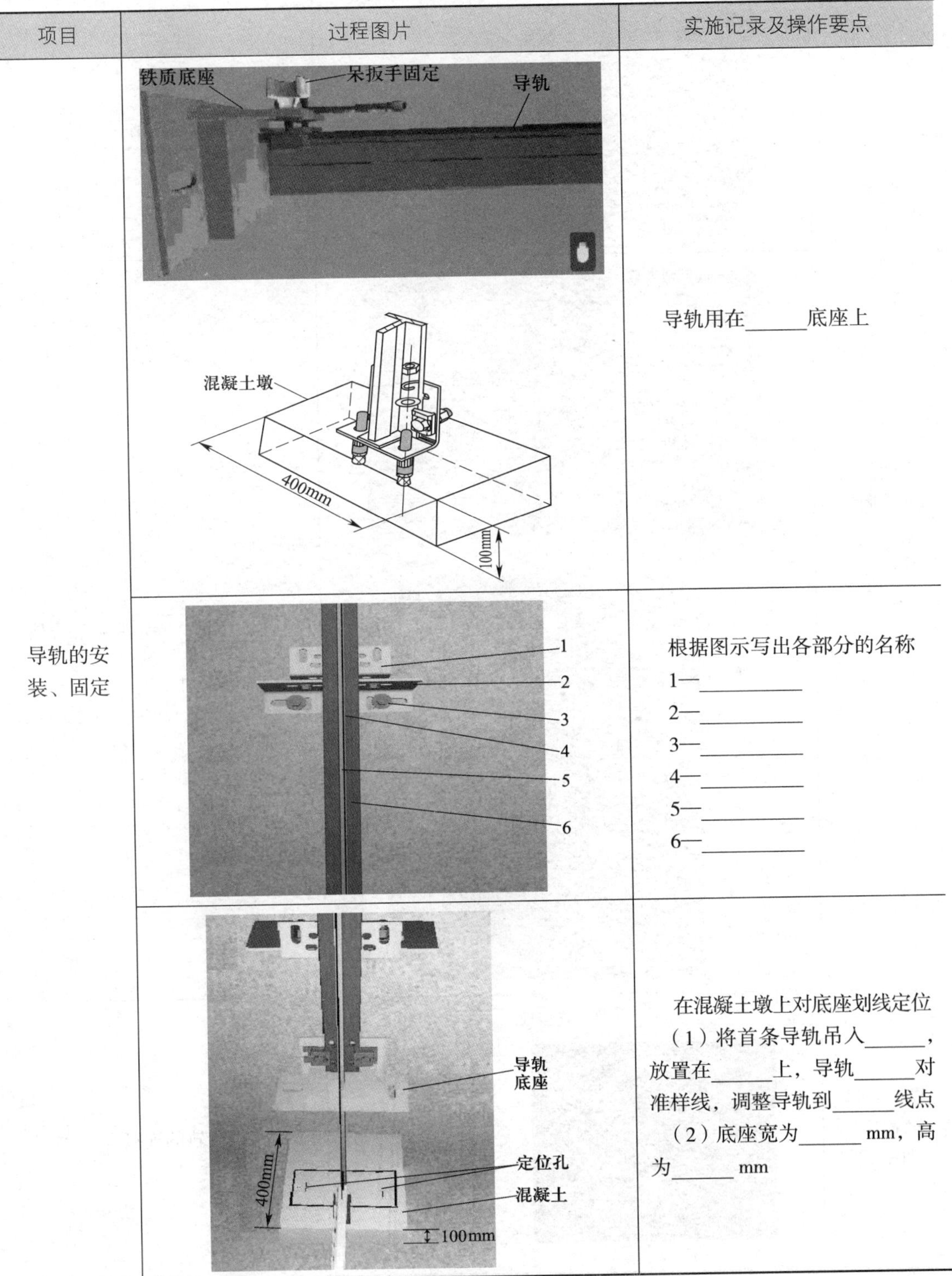

项目	过程图片	实施记录及操作要点
导轨的安装、固定		导轨用在______底座上
		根据图示写出各部分的名称 1—__________ 2—__________ 3—__________ 4—__________ 5—__________ 6—__________
		在混凝土墩上对底座划线定位 （1）将首条导轨吊入______，放置在______上，导轨______对准样线，调整导轨到______线点 （2）底座宽为______ mm，高为______ mm

续表

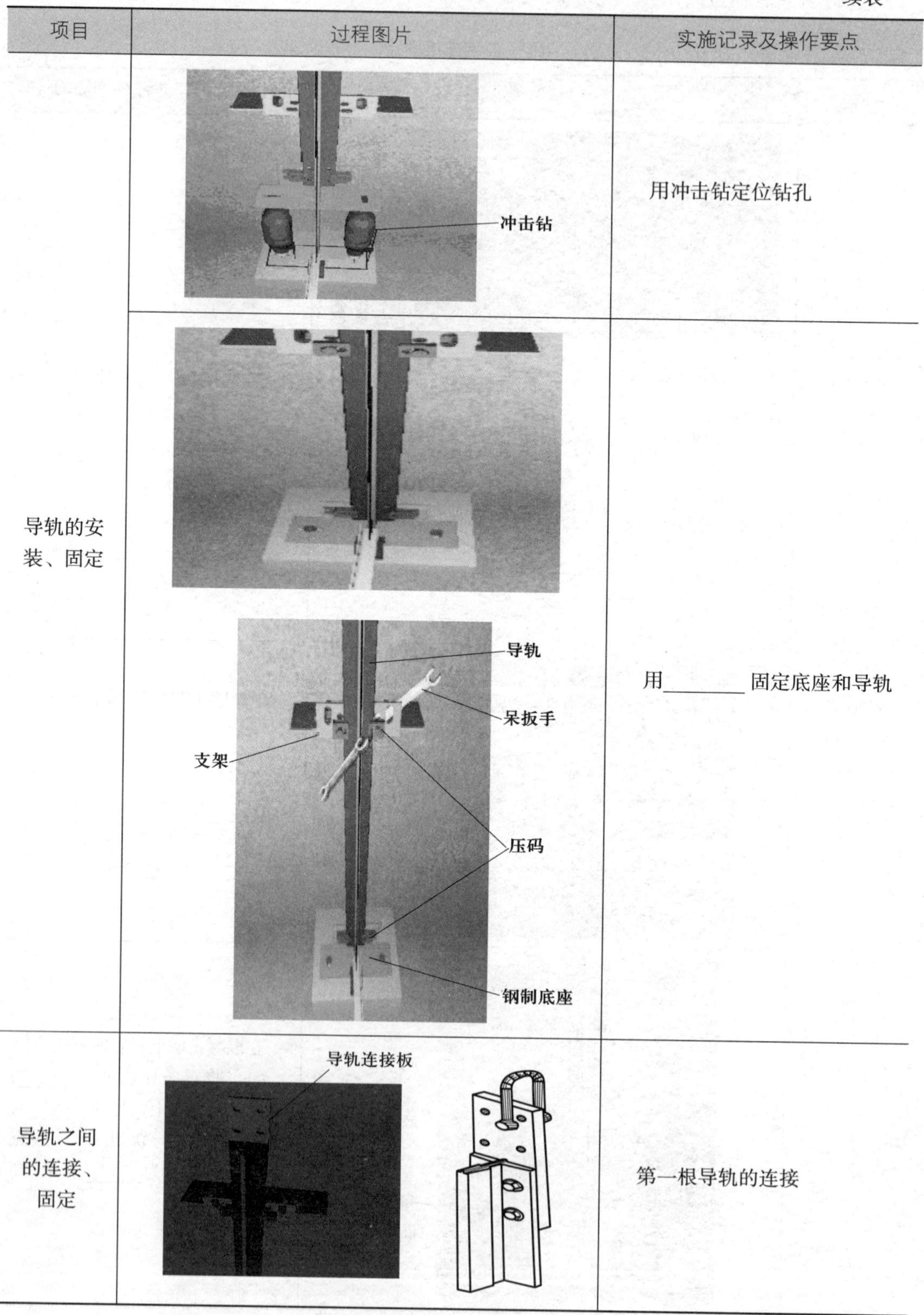

项目	过程图片	实施记录及操作要点
导轨的安装、固定		用冲击钻定位钻孔
		用______固定底座和导轨
导轨之间的连接、固定		第一根导轨的连接

续表

项目	过程图片	实施记录及操作要点
		吊第二根导轨进入井道内，人工用绳子吊起导轨末端，使其与地面悬空 牵引的原因：______________
导轨之间的连接、固定		将第一根导轨和第二根导轨连接起来 （1）第一根导轨和第二根导轨连接的间隙为________mm （2）导轨连接间隙用________（工具）测量
		用呆扳手紧固螺栓的螺母
		将导轨紧固在导轨支架上

5．导轨垂直度的调整和校正

导轨垂直度的调整和校正

项目	过程图片	实施记录及操作要点
准备工作	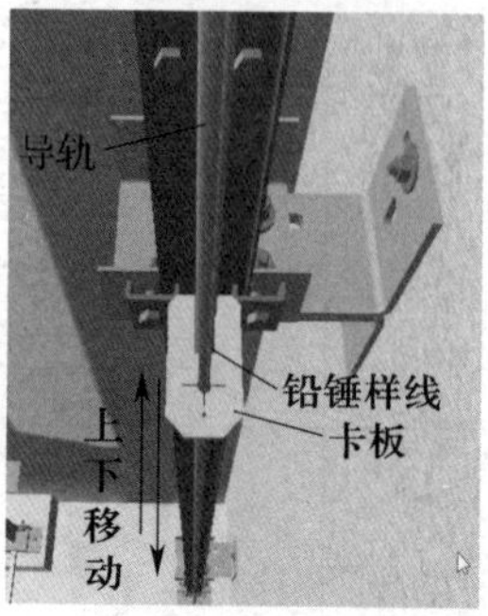 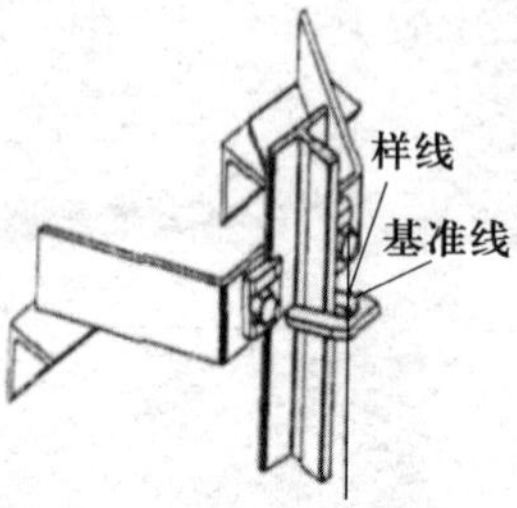	将U形卡板（以下简称为卡板）卡在铅锤样线和导轨中间，上下移动卡板，若铅锤样线碰到卡板基准线，说明____________
用呆扳手松开支架螺栓和螺母	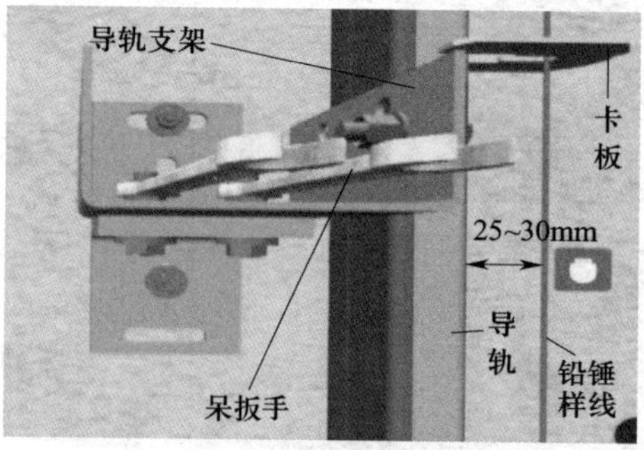	铅锤样线距导轨端面中心点的距离为____ mm
用手锤敲击导轨，使对中偏差在规定范围内	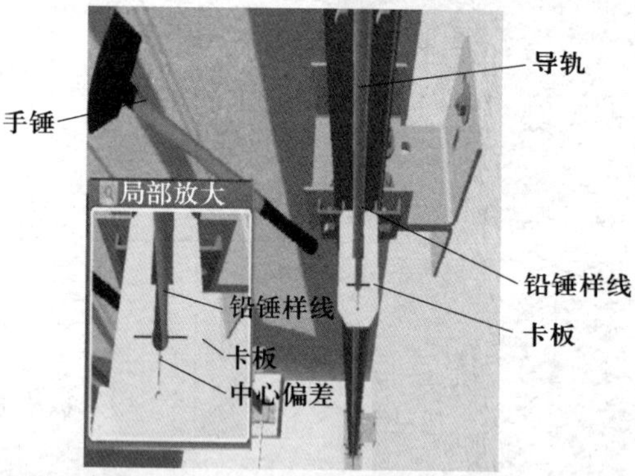	实心导轨允许铅锤样线与基准线的对中偏差为____ mm，空心导轨允许铅锤样线与基准线的对中偏差为____ mm
导轨纵向垂直度调整		只要____________为一线对准分中，紧固______即可调整垂直度

续表

项目	过程图片	实施记录及操作要点
导轨横向垂直度调整	垫片 导轨 导轨支架	拧紧压码和螺栓（与弹簧垫圈平齐），用________测量两根导轨之间的距离，该数值减去 30 mm 即为应插入垫片的厚度（插入垫片的厚度为____ mm），拧紧压码和螺栓后再测量，若有偏差，则用________来调整垂直度

6．现场清理

按照生产现场管理 6S 标准，清除现场垃圾并整理现场。

六、自检与验收

1．自检

安装完成后，对照电梯导轨安装记录表进行自检。

电梯导轨安装记录表

序号	检查项目		检查内容与要求	自检结果	备注
1	电梯施工条件：井道及底坑		无杂物、积水、油污及与电梯无关的设施		
2	导轨	轿厢导轨	轿厢样线与基准线的对中偏差为 ±0.5 mm		
3		对重导轨	对重样线与基准线的对中偏差为 ±1.0 mm		
4		导轨纵向垂直度	端面点、样线点、卡板基准点三点是否为一线对准分中（三点必须全部为一点，即分中点）		
5		导轨横向垂直度	增减垫片数量是否合适		
6	导轨支架	压码	是否牢固		
		螺栓	是否紧固		

2．验收

安装完成后，对照电梯导轨安装工程质量验收记录表进行验收。

电梯导轨安装工程质量验收记录表

<table>
<tr><td colspan="4">单位（子单位）工程名称</td><td colspan="4"></td></tr>
<tr><td colspan="4">分部（子分部）工程名称</td><td colspan="2"></td><td>验收部位</td><td></td></tr>
<tr><td colspan="4">施工单位</td><td colspan="2"></td><td>项目经理</td><td></td></tr>
<tr><td colspan="4">分包单位</td><td colspan="2"></td><td>分包项目经理</td><td></td></tr>
<tr><td colspan="4">施工执行标准名称及编号</td><td colspan="4"></td></tr>
<tr><td colspan="5">施工质量验收规范的规定</td><td colspan="2">施工单位检查评定记录</td><td>监理（建设）单位验收记录</td></tr>
<tr><td>主控项目</td><td colspan="3">导轨安装位置</td><td>设计要求</td><td colspan="2"></td><td></td></tr>
<tr><td rowspan="9">一般项目</td><td rowspan="2">1</td><td colspan="2" rowspan="2">两列导轨顶面间的距离偏差</td><td>轿厢导轨：0 ~ 2 mm</td><td colspan="2"></td><td rowspan="9"></td></tr>
<tr><td>对重导轨：0 ~ 3 mm</td><td colspan="2"></td></tr>
<tr><td>2</td><td colspan="2">导轨支架安装</td><td>第 4.4.3 条（GB 50310—2002，下同）</td><td colspan="2"></td></tr>
<tr><td rowspan="2">3</td><td colspan="2" rowspan="2">导轨工作面与安装基准线每 5 m 的偏差值</td><td>轿厢导轨和设有安全钳的对重导轨≤ 0.6 mm</td><td colspan="2"></td></tr>
<tr><td>不设安全钳的对重导轨≤ 1.0 mm</td><td colspan="2"></td></tr>
<tr><td>4</td><td colspan="2">轿厢导轨和设有安全钳的对重导轨工作面接头</td><td>第 4.4.5 条</td><td colspan="2"></td></tr>
<tr><td rowspan="2">5</td><td colspan="2" rowspan="2">不设安全钳的对重导轨工作面接头</td><td>接头缝隙≤ 1.0 mm</td><td colspan="2"></td></tr>
<tr><td>接头台阶≤ 0.15 mm</td><td colspan="2"></td></tr>
<tr><td colspan="3" rowspan="2">施工单位检查评定结果</td><td colspan="2">专业工长（施工员）</td><td></td><td>施工班组长</td><td></td></tr>
<tr><td colspan="5">项目专业质量检查员： 年 月 日</td></tr>
<tr><td colspan="3">监理（建设）单位验收结论</td><td colspan="5">专业监理工程师：（建设单位项目专业技术负责人）
年 月 日</td></tr>
</table>

说　明

一、主控项目

1. 导轨安装位置必须符合土建布置图的要求。

2. 按安装土建图纸检查。用尺量检查和用垂球、经纬仪检查。

二、一般项目

1. 两列导轨顶面间的距离偏差应为：轿厢导轨 0 ~ 2 mm；对重导轨 0 ~ 3 mm。用量规检查。

2. 导轨支架在井道壁上的安装应牢固、可靠。预埋件应符合土建布置图的要求。

锚栓（如膨胀螺栓等）应在井道壁的混凝土构件上使用，其连接强度与承受振动的能力应满足电梯产品设计要求，混凝土构件的抗压强度应符合土建布置图的要求。按图纸逐项检查，用尺量检查并检查试验报告。

3. 每列导轨的工作面（包括侧面与顶面）与安装基准线每 5 m 的偏差均不应大于下列数值：轿厢导轨和设有安全钳的对重（平衡重）导轨为 0.6 mm；不设安全钳的对重（平衡重）导轨为 1.0 mm。用经纬仪检查和用尺量检查。

4. 轿厢导轨和设有安全钳的对重（平衡重）导轨工作面接头处不应有连续的缝隙，导轨工作面接头处的台阶不应大于 0.05 mm。如超过应修平，修平长度应大于 150 mm。用尺量检查。

5. 不设安全钳的对重（平衡重）导轨工作面接头处的缝隙不应大于 1.0 mm，导轨工作面接头处的台阶不应大于 0.15 mm。用尺量检查。

检查后形成施工记录，验收时检查施工记录。

学习活动4　工作总结与评价

学习目标

1. 能按分组情况，派代表展示工作成果，说明本次任务的完成情况，并做分析总结。

2. 能结合任务完成情况，正确规范地撰写工作总结。

3. 能就本次任务中出现的问题提出改进措施。

4. 能对学习与工作进行总结反思，并能与他人开展良好合作，进行有效沟通。

建议学时　2学时

学习过程

一、个人、小组评价

以小组为单位，选择演示文稿、展板、海报、视频等形式中的一种或几种，向全班展示、汇报安装成果。在展示的过程中，以小组为单位进行评价；评价完成后，根据其他小组成员对本组展示成果的评价意见进行归纳总结。

汇报思路设计：

其他小组成员的评价意见：

二、教师评价

认真听取教师对本小组展示成果优缺点以及在完成任务过程中出现的亮点和不足的评价意见，并做好记录。

1．教师对本小组展示成果优点的点评。

2．教师对本小组展示成果缺点及改进方法的点评。

3．教师对本小组在整个任务完成过程中出现的亮点和不足的点评。

三、工作过程回顾及总结

1．在团队学习过程中，项目负责人给你分配了哪些工作任务？你是如何完成的？还有哪些需要改进的地方？

2．总结在完成电梯导轨安装任务过程中遇到的问题和困难，列举 2 ~ 3 点你认为比较值得和其他同学分享的工作经验。

3．回顾本学习任务的工作过程，对新学专业知识和技能进行归纳和整理，撰写工作总结。

评价与分析

按照客观、公正和公平原则，在教师的指导下按自我评价、小组评价和教师评价三种方式对自己或他人在本学习任务中的表现进行综合评价。综合等级按：A（90 ~ 100）、B（75 ~ 89）、C（60 ~ 74）、D（0 ~ 59）四个级别进行填写。

学习任务综合评价表

<table>
<tr><th rowspan="2">考核项目</th><th rowspan="2">评价内容</th><th rowspan="2">配分（分）</th><th colspan="3">评价分数</th></tr>
<tr><th>自我评价</th><th>小组评价</th><th>教师评价</th></tr>
<tr><td rowspan="6">职业素养</td><td>劳动保护用品穿戴完备，仪容仪表符合工作要求</td><td>5</td><td></td><td></td><td></td></tr>
<tr><td>安全意识、责任意识强</td><td>6</td><td></td><td></td><td></td></tr>
<tr><td>积极参加教学活动，按时完成各项学习任务</td><td>6</td><td></td><td></td><td></td></tr>
<tr><td>团队合作意识强，善于与人交流和沟通</td><td>6</td><td></td><td></td><td></td></tr>
<tr><td>自觉遵守劳动纪律，尊敬师长，团结同学</td><td>6</td><td></td><td></td><td></td></tr>
<tr><td>爱护公物，节约材料，管理现场符合6S标准</td><td>6</td><td></td><td></td><td></td></tr>
<tr><td rowspan="3">专业能力</td><td>专业知识扎实，有较强的自学能力</td><td>10</td><td></td><td></td><td></td></tr>
<tr><td>操作积极，训练刻苦，具有一定的动手能力</td><td>15</td><td></td><td></td><td></td></tr>
<tr><td>技能操作规范，遵守安装工艺，工作效率高</td><td>10</td><td></td><td></td><td></td></tr>
<tr><td rowspan="2">工作成果</td><td>导轨安装符合工艺规范，安装质量高</td><td>20</td><td></td><td></td><td></td></tr>
<tr><td>工作总结符合要求</td><td>10</td><td></td><td></td><td></td></tr>
<tr><td colspan="2">总　　分</td><td>100</td><td></td><td></td><td></td></tr>
<tr><td rowspan="2">总评</td><td rowspan="2">自我评价 ×20%+ 小组评价 ×20%+ 教师评价 ×60%=</td><td>综合等级</td><td colspan="3" rowspan="2">教师（签名）：</td></tr>
<tr><td></td></tr>
</table>

学习任务二　层门的安装

学习目标

1. 能通过识读电梯层门安装工作任务单，明确安装任务。

2. 熟悉电梯层门的组成、作用、分类、工作原理及应用场合等基本知识。

3. 能正确识读电梯层门土建结构图。

4. 能与项目组长进行专业沟通，根据电梯层门安装工作任务单的要求和实际情况，小组独立制订工作计划。

5. 能正确使用水平尺、电锤、划针、冲击钻等电梯层门安装常用工具，正确穿戴安全帽、安全带、劳保服、劳保鞋、棉纱手套、防尘眼镜等安全用具。

6. 能进行电梯层门部件、配件的检查和型号、数量确认。

7. 能根据《电梯制造与安装安全规范》（GB 7588—2003）和《电梯技术条件》（GB/T 10058—2009），完成电梯层门的安装。

8. 能按生产现场管理 6S 标准，清除现场垃圾并整理现场。

9. 能主动获取有效信息，展示工作成果，对学习与工作进行总结反思，并能与他人开展良好合作，进行有效的沟通。

50 学时

工作情境描述

B 区物业花园有 1 台垂直电梯（型号为 MAX–E1050–CO1.75），需要进行电梯层门地坎和门套的安装，电梯安装人员从项目组长处领取安装任务书，要求在三天内完成安装任务，完成后交付验收。

工作流程与活动

学习活动 1　明确安装任务（8 学时）

学习活动 2　制订安装计划（6 学时）

学习活动 3　安装实施（34 学时）

学习活动 4　工作总结与评价（2 学时）

学习活动 1　明确安装任务

学习目标

1. 能通过识读电梯层门安装工作任务单，明确安装任务。
2. 能正确识读电梯安装记录表。
3. 了解层门的作用、分类、组成及应用场合。
4. 掌握层门的工作原理及安装要求。
5. 能正确识读电梯层门土建结构图。

建议学时　8 学时

学习过程

一、明确电梯层门安装工作任务

电梯安装人员从项目组长处领取电梯层门安装工作任务单，明确安装项目、时间、人员及地点等。

电梯层门安装工作任务单

工作任务	安装地坎组件、门套组件
完成时间	200 min 内完成地坎组件安装、门套组件安装
人员	在项目组长（教师）指导下三人组成小组完成
地点	层门安装实训室

1．从上述信息中可见：

（1）完成时间：________。

（2）完成方式（　　）。

A．三人组成小组完成　　　　　　　　B．单独完成

2．查阅《电梯制造与安装安全规范》(GB 7588—2003)和《电梯技术条件》(GB/T 10058—2009)，写出电梯层门的安装要求。

二、填写电梯安装记录表

识读电梯施工过程记录表、电梯施工条件记录表和电梯层门安装质量施工过程记录表，筛选电梯层门安装过程中需要记录的内容，并在与层门安装相关的项目后面打“√”。

电梯施工过程记录表

序号	记录名称	相关性
1	电梯运行过程记录	
2	电梯开箱记录	
3	土建验收确认记录	
4	电梯施工条件记录	
5	电梯样板架施工过程记录	
6	导轨支架安装隐检记录	
7	轿厢导轨安装质量施工过程记录	
8	对重导轨安装质量施工过程记录	
9	电梯层门安装质量施工过程记录	
10	承重梁安装隐检记录	
11	曳引装置安装质量施工过程记录	
12	轿厢组装质量施工过程记录	
13	绳头制作隐检记录	
14	悬挂装置安装质量施工过程记录	

续表

序号	记录名称	相关性
15	限速器、缓冲器安装质量施工过程记录	
16	电气装置安装质量施工过程记录	
17	随行电缆安装质量施工过程记录	
18	电气安全装置检查过程记录	
19	电梯主要功能检查过程记录	
20	电梯负荷运行检查过程记录	
21	电梯试运转及平层精度检查过程记录	
22	无机房电梯附加施工过程记录	

电梯施工条件记录表

序号	项目	内容与要求	相关性
一、电梯的工作条件应符合《电梯技术条件》（GB/T 10058—2009）的规定			
1	机房温度	5 ~ 40℃	
2	相对湿度	相对湿度应保持在电梯及检验所允许的范围内	
3	供电电压	波动在额定电压的 ±7% 范围内	
4	环境空气	不应含有腐蚀性和易燃性气体及导电尘埃	
二、提交验收的电梯应具备完整的资料文件			
制造单位应提供的资料文件		装箱单、产品出厂合格证、机房井道布置图	
		安装、使用及维护说明书（含润滑汇总表、电梯功能表和符号及代号说明）	
		动力电路和安全电路的电气原理图	
		门锁装置、限速器、安全钳、缓冲器、含有电子元件的安全电路（如果有）、轿厢上行超速保护装置的型式试验合格证书复印件	
		紧急救援和紧急电动运行说明（如果有）、电梯整机产品型式试验合格证书复印件或报告书	
		如有防火要求，应具备层门耐火试验证书	

续表

<table>
<tr><th>序号</th><th>项目</th><th>内容与要求</th><th>相关性</th></tr>
<tr><td colspan="2" rowspan="3">安装单位应提供的资料文件</td><td>安装自检记录（本册）</td><td></td></tr>
<tr><td>安装过程中事故记录与处理报告（如发生时）</td><td></td></tr>
<tr><td>变更设计的证明文件（如发生时）、其他有关资料</td><td></td></tr>
<tr><td colspan="4">三、电梯环境</td></tr>
<tr><td>1</td><td>机房及通道</td><td>机房门应为防火门；门应向外开启；机房门应装有带钥匙的锁，机房门可以从机房内不用钥匙打开；门窗装配齐全并应防风雨；门口应有“机房重地，闲人免进”标示牌；机房无杂物，通道应安全、畅通</td><td></td></tr>
<tr><td>2</td><td>井道及底坑</td><td>无杂物、积水、油污及与电梯无关的设施</td><td></td></tr>
<tr><td>3</td><td>润滑</td><td>各机械活动部位按产品要求加注润滑油</td><td></td></tr>
<tr><td>4</td><td>安全装置</td><td>齐全、位置正确、功能有效、安全可靠</td><td></td></tr>
</table>

电梯层门安装质量施工过程记录表

<table>
<tr><th>序号</th><th colspan="2">检查项目</th><th>质量要求</th><th>相关性</th></tr>
<tr><td>1</td><td colspan="2">门刀与层门地坎间隙</td><td>门刀与层门地坎间隙≥ 5 mm</td><td></td></tr>
<tr><td>2</td><td colspan="2">门锁滚轮与轿厢地坎间隙</td><td>门锁滚轮与轿厢地坎间隙≥ 5 mm</td><td></td></tr>
<tr><td>3</td><td colspan="2">层门锁锁钩啮合余量</td><td>层门锁锁钩啮合深度> 7 mm</td><td></td></tr>
<tr><td>4</td><td rowspan="2">门扇垂直度</td><td>门扇垂直度（左）</td><td>门扇垂直度（左）≤ 1 mm</td><td></td></tr>
<tr><td>5</td><td>门扇垂直度（右）</td><td>门扇垂直度（右）≤ 1 mm</td><td></td></tr>
<tr><td>6</td><td colspan="2">层门地坎与楼板装饰面</td><td>层门地坎高出楼板装饰面 2 ~ 5 mm</td><td></td></tr>
<tr><td>7</td><td colspan="2">门扇与门套间隙</td><td>门扇与门套间隙≤ 6 mm</td><td></td></tr>
<tr><td>8</td><td colspan="2" rowspan="4">楼层</td><td>地坎水平度≤ 1 mm</td><td></td></tr>
<tr><td>9</td><td>门头水平度≤ 1 mm</td><td></td></tr>
<tr><td>10</td><td>地坎支撑采用撞拉式膨胀螺栓（M12×100），安装紧固</td><td></td></tr>
<tr><td>11</td><td>门头固定采用撞拉式膨胀螺栓（M12×100），安装紧固</td><td></td></tr>
</table>

三、认识电梯层门

查阅相关资料及《电梯技术条件》(GB/T 10058—2009)，认识电梯层门。

1．电梯层门地坎应安装在电梯的什么位置?

2．选择层门，是的打“√”，不是的打“×”。

层门认识表

3．层门在电梯中的作用是什么?

4．电梯层门的种类有哪些?

5．查阅相关资料，熟悉层门的应用场合及特点。

层门的应用场合及特点

<table>
<tr><td rowspan="2">中分门</td><td>
中分门实物图
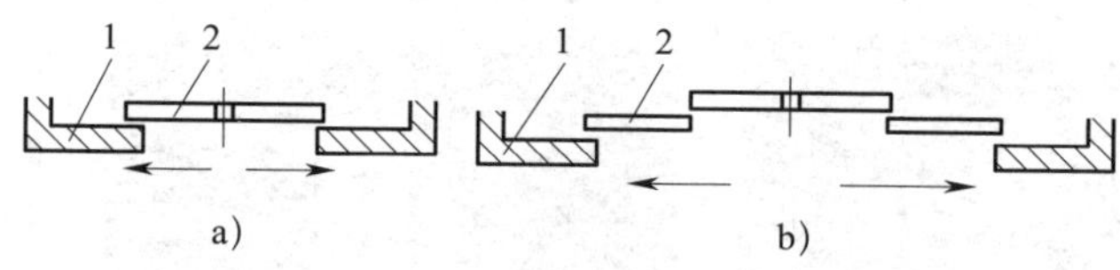

中分门平面图
a）两扇中分式　b）四扇中分式
1—井道墙　2—门

应用场合：</td></tr>
<tr><td>中分门的特点：门扇对中分开，开合效率高
门扇对中分开：开门时，左右门扇以相同的速度向两侧滑动；关门时，则以相同的速度向中间合拢</td></tr>
</table>

续表

<table>
<tr>
<td rowspan="2">旁开门</td>
<td>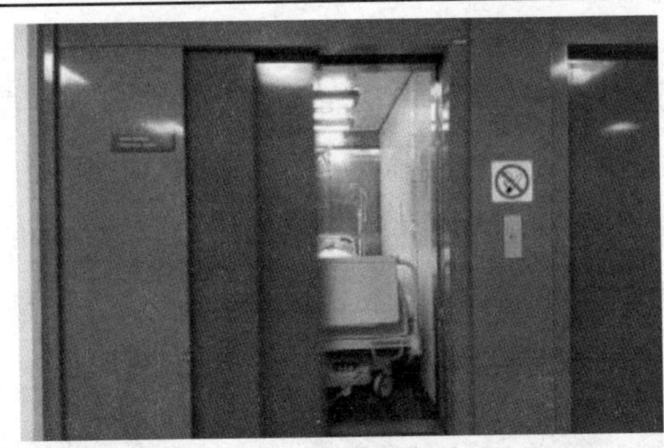
旁开门实物图
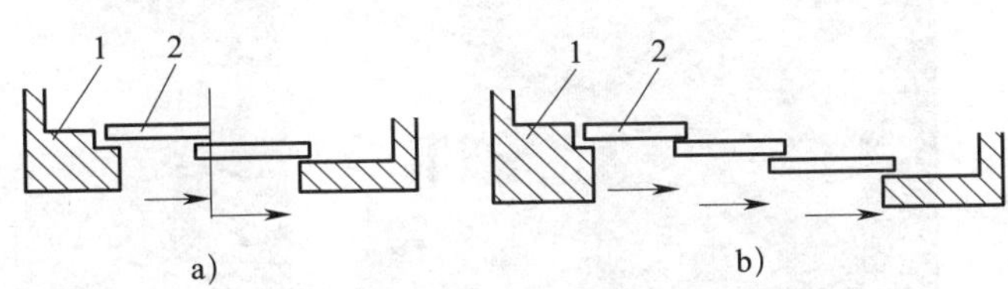

旁开门平面图
a）两扇旁开式　b）三扇旁开式
1—井道墙　2—门

应用场合：</td>
</tr>
<tr>
<td>旁开门的特点：旁开门是两层或多层门页重叠向一个方向收纳
当旁开门为双扇时，两个门扇在开门和关门时各自的行程不相同，但运动的时间却必须相同，因此，两扇门的速度有快慢之分，速度快的称为快门，反之称为慢门，所以双扇旁开门又称为双速门。由于门在打开后是折叠在一起的，因而又称为双折门。同理，当旁开门为三扇时，称为三速门或三折门
旁开门按开门方向，又可分为左开门和右开门。区分的方法是：人站在轿厢内，面向外，门向右开的称为右开门；反之，称为左开门
旁开门的优点：

旁开门的缺点：</td>
</tr>
</table>

6．根据图示写出电梯层门对应零部件的名称。

电梯层门一般由门扇、导轨架、滑轮、滑块、门框（门套）、地坎等部件组成。门一般由薄钢板制成，为了使门具有一定的力学强度和刚性，在门的背面制有加强肋。为了减小门运动中产生的噪声，门板背面涂贴防振材料。门导轨有扁钢和C形折边导轨两种。门通过滑轮与导轨相连，门的下部装有滑块，滑块插入地坎的滑槽中。门下部导向用的地坎由铸铁、铝或铜型材制成，其中，货梯一般用铸铁地坎，客梯一般用铝或铜地坎。

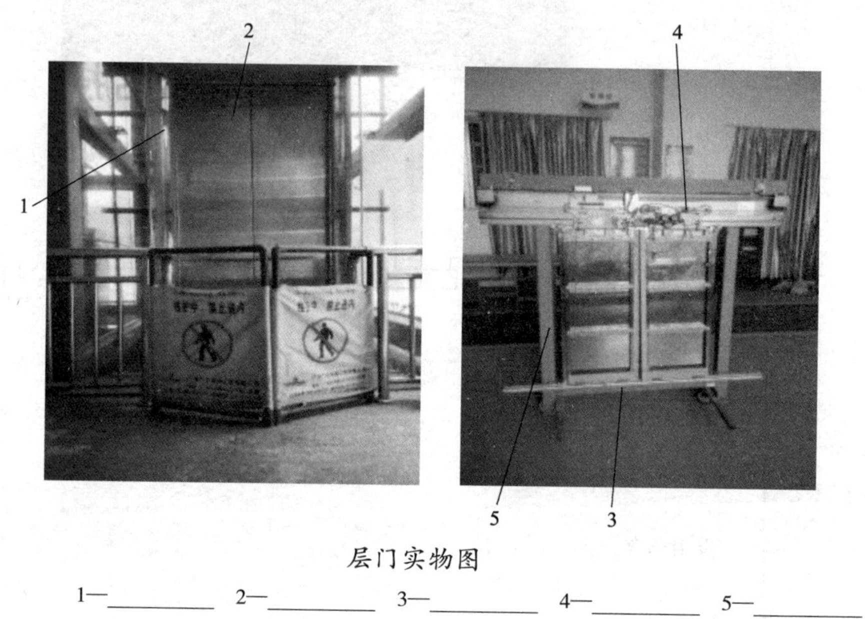

层门实物图

1—________ 2—________ 3—________ 4—________ 5—________

7．简述层门门套的作用。

8．简述层门的工作原理。

四、明确层门地坎的安装要求

查阅相关资料，简述钢制牛腿地坎的安装要求。

钢制牛腿地坎

五、识读电梯层门土建结构图

查阅相关资料，识读电梯层门土建结构图。

1．简述建筑制图尺寸标注的方法。

2．简述尺寸标注的步骤。

3．根据结构图写出尺寸标注的要素。

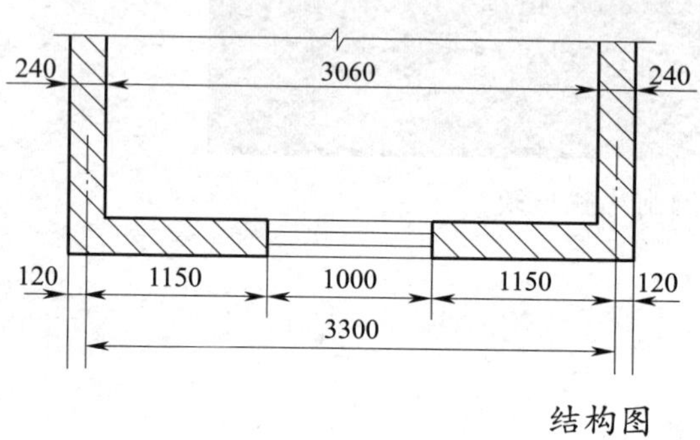

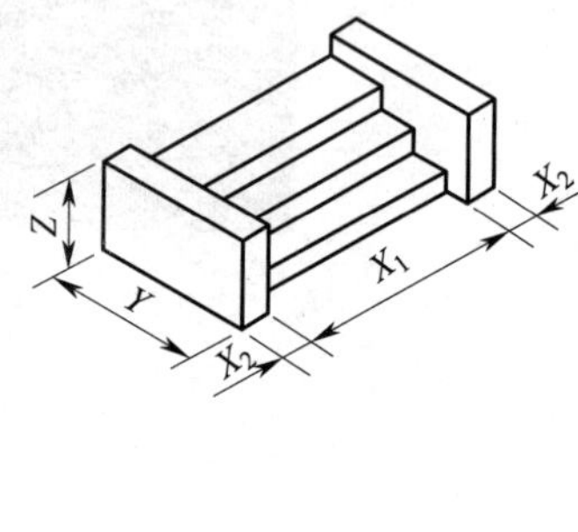

结构图

4．根据层门预留孔结构图填写相关参数。

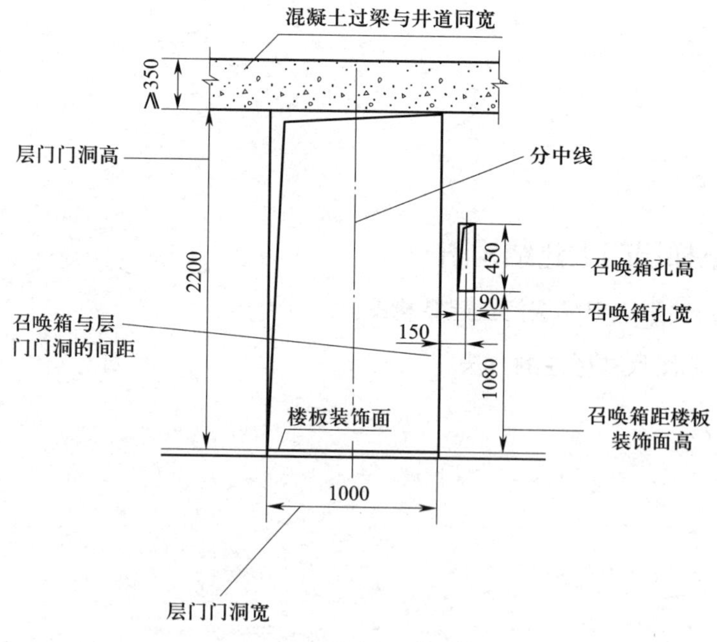

层门预留孔结构图

层门门洞高为________ mm，层门门洞宽为________ mm，召唤箱孔高为______ mm，召唤箱孔宽为________ mm，召唤箱距地面高为______ mm，召唤箱与层门门洞的间距为____________ mm。

小资料

混凝土牛腿地坎的安装要求

（1）检查并完善各层门口的牛腿情况。

（2）将层门地坎用 400 号以上的水泥砂浆固定在各层门口的牛腿上，固定好的地坎上平面应比最终的楼板装饰面高出 2 ~ 5 mm，并与其呈 1/150 ~ 1/100 的斜坡，以防止液体流入井道。

（3）在安装中应使各层门地坎和轿厢地坎与其保持相同的距离，并使其偏差为 0 ~ 3 mm。

（4）在灌注的水泥砂浆晾干 2 ~ 3 天后，再装门框。

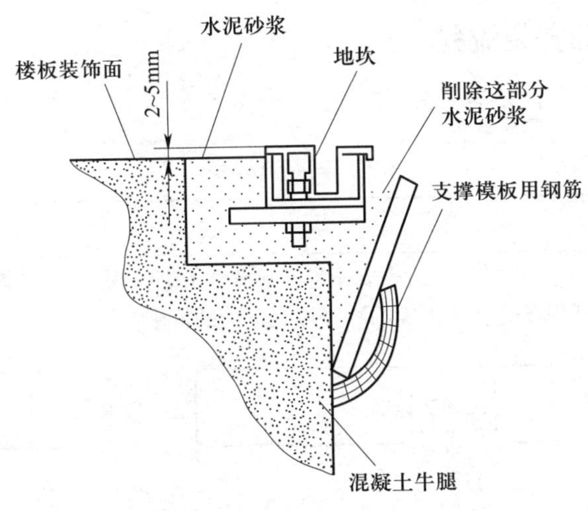

混凝土牛腿地坎结构示意图

学习活动 2　制订安装计划

学习目标

1. 能明确层门的安装流程。
2. 能根据任务要求，制订工作计划。

建议学时　6 学时

学习过程

一、明确层门的安装流程

熟悉层门的安装流程，并填写层门安装流程表。

层门安装流程表

1．安装流程

层门的安装操作包括：安装层门、检查安全警示牌设置情况、检查施工条件、准备工具和材料、安装后自检、安装后清理现场等，按正确的顺序填在下面的框中

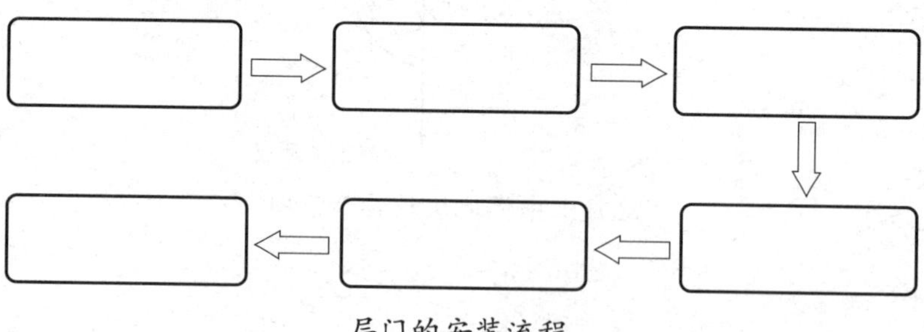

层门的安装流程

2．安装注意事项

二、制订工作计划

根据层门的安装要求，制订工作计划。

工作计划表

1．电梯型号	
2．层门类型	
3．所需的工具、设备、资料	
4．安装层门的流程	

5．人员分工

序号	工作内容	负责人	计划完成时间	备注
1				
2				
3				
4				
5				

制订工作计划之后，需要对计划内容、实施的方案进行可行性研究，要求对实施地点、准备工作、过程及方案等细节进行探讨分析，保证后续安装实施安全、可靠地执行。

学习活动3 安装实施

学习目标

1. 能正确使用水平尺、电锤、划针、冲击钻等电梯层门安装常用工具。

2. 能正确穿戴劳保服、劳保鞋、防尘眼镜等安全用具。

3. 能进行层门部件、配件的检查。

4. 能完成层门地坎和门套的安装。

5. 能进行自检与验收。

建议学时 34学时

学习过程

一、领取工具及材料

领取工具及材料，并填写工具及材料领用表。

工具及材料领用表

工具、材料名称	数量	单位	规格	领用时间	领用人	归还时间	备注

续表

工具、材料名称	数量	单位	规格	领用时间	领用人	归还时间	备注
注意事项	1. 领用人应保管好工具，若有遗失，要照价赔偿 2. 易耗或因公损坏的工具、材料应在教师确认后更换 3. 领用工具必须在规定的场合使用，未经允许不得外借						

二、认识、使用常用工具

在电梯层门安装中可能用到的工具有磁力线坠、冲击钻、水平尺、划针、旋具、墨斗等，练习使用常用工具。

常用工具的使用

工具		选用规格	图示及说明
水平尺	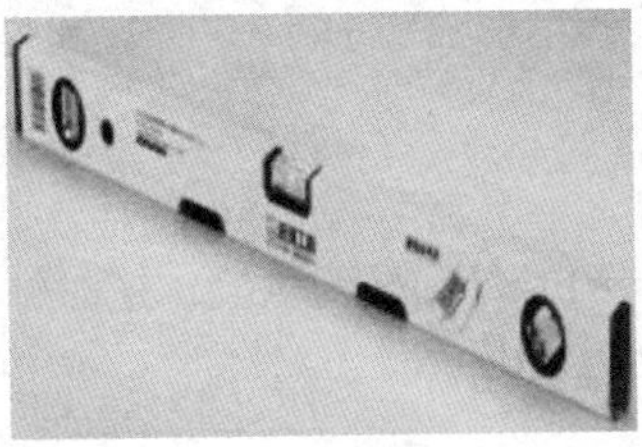	水平尺主要用来检测水平度和垂直度 水平尺可分为铝合金方管式、压铸式、塑料式和工字形、异形等多种形式，长度为10 ~ 250 cm。水平尺工作表面的平直度和水准泡质量，决定了水平尺的精度和稳定性	水准泡偏向哪侧，则表示那侧偏高，需要降低该侧的高度，或调高相反侧的高度。将水准泡调整至中心，就表示被测物体在该方向是水平的 

续表

工具		选用规格	图示及说明
电锤		电锤主要用于凿平、破碎作业 型号：688；类型：四坑电锤；额定功率：1 200 W；额定电压：220 V	将工作方式旋钮拨至“单锤击”位置，利用电锤自重进行作业，不必用力推压 
直角尺		直角尺主要用于检测直角、垂直度和平行度 常用规格为 250 mm、300 mm、500 mm、600 mm	将直角尺放在被测工件的工作面上，用光隙法鉴别工件的角度是否正确，注意轻拿、轻靠、轻放，防止弯曲变形
划针		划针主要用于在工件表面划线，常与钢直尺、直角尺和划线样板等工具一起使用，常用弹簧钢丝或高速钢制成，直径为 3 ~ 6 mm，尖端呈 15° ~ 20°	划线时，划针的尖端必须紧靠钢直尺或划线样板，划针应朝划线方向倾斜 45° ~ 75°，同时向外倾斜 15° ~ 20°，线条粗细不得超过 0.5 mm 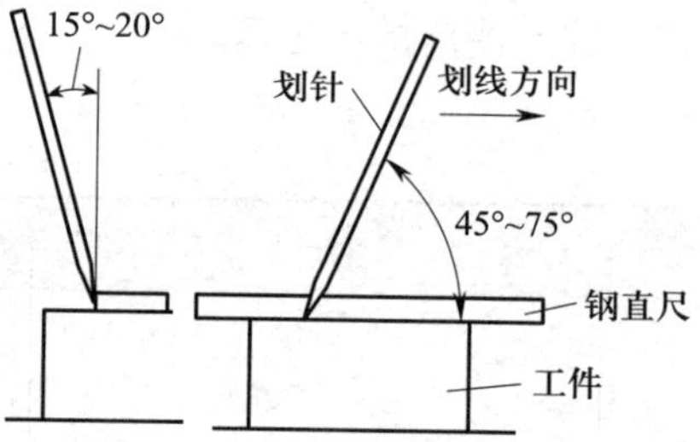 15°~20° 划针 划线方向 45°~75° 钢直尺 工件
旋具（十字、一字）	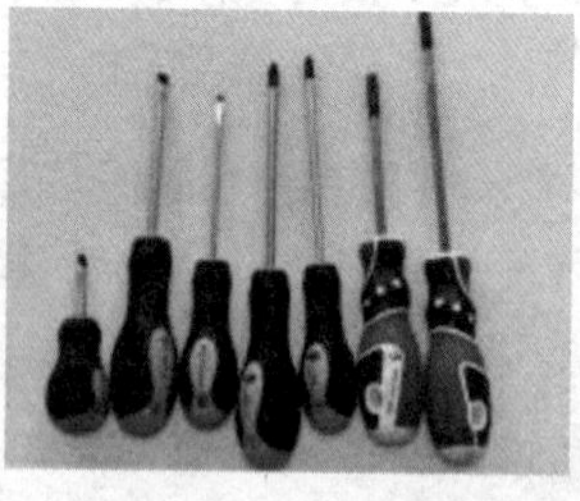	旋具的规格用“头型 × 长度”表示。如一字旋具的规格为 6 × 100，6 是杆的头型，同时也表示杆的直径，100 是杆的长度（长度不含手柄部分）；十字旋具 PH2 × 100，PH2 是头型，100 是杆的长度。单位：mm	顺时针旋转为嵌紧；逆时针旋转则为松出

续表

工具		选用规格	图示及说明
墨斗		墨斗由墨仓、线轮、墨线（包括线锥）、墨签四部分构成，是木工行业中常见工具，主要用于弹墨线	弹墨线是一种长距离划线的方法，两人拉一根沾满墨的线，提拉中间，然后松开手，即可在墙或地面上划线 

三、正确穿戴安全用具

在电梯层门安装中可能用到的安全用具有劳保鞋、劳保服、安全帽、安全带、防尘眼镜、棉纱手套等，练习使用安全用具，填写安全用具认识表。

安全用具认识表

安全用具	图示	作用及穿戴要点
劳保鞋		劳保鞋是一种对足部有安全防护作用的鞋。它的作用有保护足趾、防刺穿、绝缘、耐酸碱等。应根据工作环境的危害性质和危害程度选择合适的劳保鞋
劳保服		

续表

安全用具	图示	作用及穿戴要点
防尘眼镜		保护眼睛和面部免受紫外线、红外线和微波等电磁波的辐射，免受烟尘、金属和砂石碎屑以及化学溶液溅射的损伤

四、检查层门部件、配件

1．层门部件、配件检查要求

（1）层门部件、配件应与图纸相符，数量齐全。

（2）地坎、门滑道、门扇应无变形、损坏。其他各部件应完好无损，功能可靠。

（3）其他要求

层门及脚手板应干净、无杂物，防护门安全可靠，有防火措施，并设专人看护。

2．型号确认

在进行层门安装前需要检查层门部件、配件是否齐全，规格是否符合要求，根据提供的层门部件、配件，在层门部件、配件确认记录表中标明其规格、型号和数量。

层门部件、配件确认记录表

序号	名称	型号或规格	数量
1	地坎		
2	门滑道		
3	门扇		
4	门套		
5	门头		
6	配件（螺栓、螺母、垫片）		
7	其他耗材（电焊条、膨胀螺栓）		

五、安装层门

1．设置安全警示牌和检查施工条件

设置安全警示牌和检查施工条件

项目	参考对象	检查结果	采取措施
检查安全警示牌设置是否合理	  	合理□	无
		不合理□	
检查施工条件是否符合要求		符合□	无
		不符合□	

2．安装层门地坎

（1）楼板装饰面的确认

在各层楼的建筑墙壁上都有一条楼板装饰面定位墨线，该墨线旁边同时注明了基准尺寸（通常为 1 000 mm，应先进行确认）。

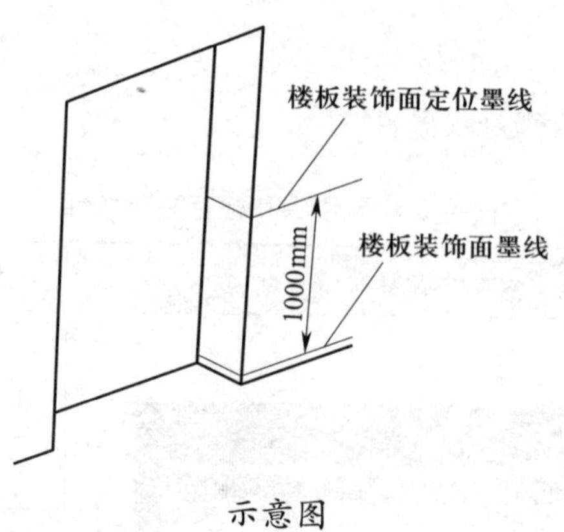

示意图

（2）钢制牛腿地坎的安装

查阅相关资料，进行钢制牛腿地坎的安装。

钢制牛腿地坎的安装

项目	过程图片	实施记录及操作要点
拼装层门地坎组件		用螺栓临时紧固层门踏板支架和层门踏板托架，然后与地坎组件临时紧固在一起 写出左图中标注部位的名称 1—________ 2—________ 3—________
		用划针在层门地坎上划出开门净宽度线及层门中心线，在相应的位置打上三个卧点作为标记，以基准线及此标记确定地坎、牛腿及牛腿支架的安装位置

续表

项目	过程图片	实施记录及操作要点
将层门地坎组件放入层门口	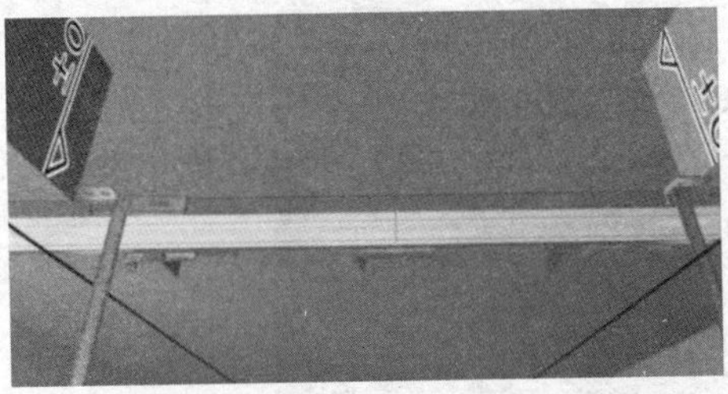	校对开门净宽度线，使之与门头样线对正（左右移动）
将地坎调整到合适的安装高度	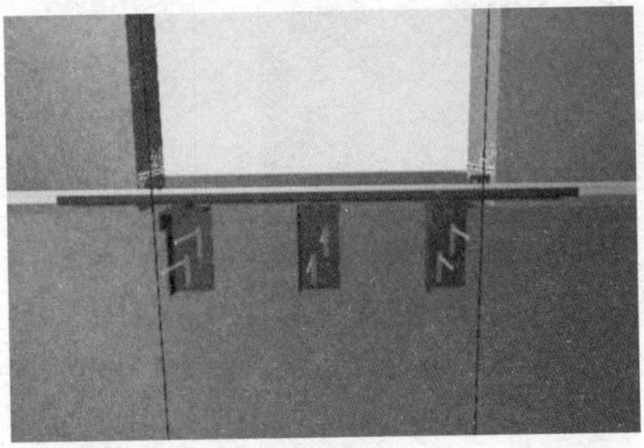	安装地坎平面应高出楼板装饰面______ mm，地坎支架应定位安装在______位置
预紧固层门地坎	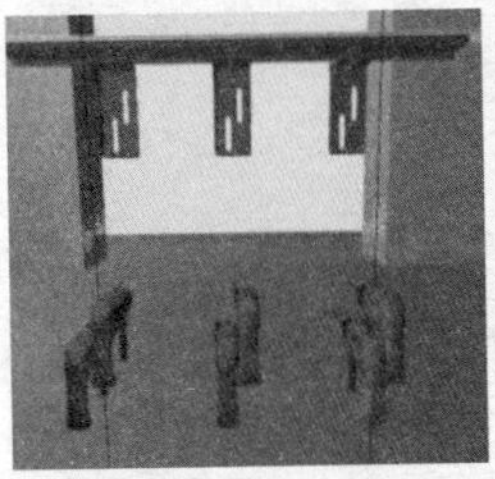  	层门地坎安装紧固用到的工具有________________________，配件有________________________ ________________________ ________________________
调整地坎与层门样线的水平距离	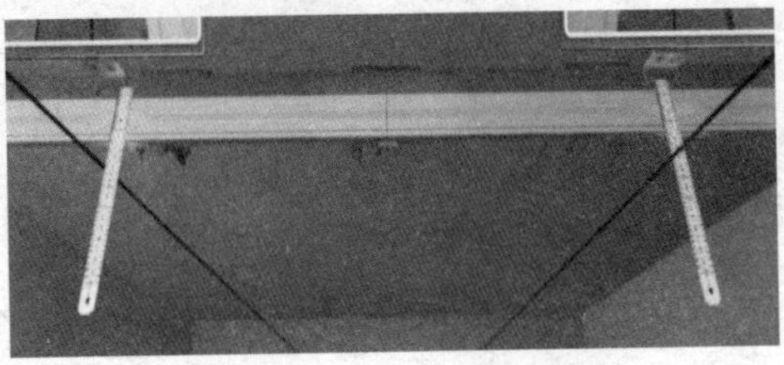	校正层门样线与地坎的水平距离，间隙为______ mm，水平距离偏差为______ mm

续表

项目	过程图片	实施记录及操作要点
测量并调整地坎的水平度		地坎的水平度不大于 1/1 000
紧固地坎		—

3．安装层门门套

查阅相关资料，进行电梯层门门套的安装。

（1）层门门套安装作业应在什么地方进行？如何进行？

（2）层门门套的安装

层门门套的安装

项目	过程图片	实施记录及操作要点
层门门套的组装		在地坎上放置组装好的门套，确认左右门套立柱与地坎的出入口宽点划线重合，然后拧紧门套立柱与地坎之间的紧固螺栓

续表

项目	过程图片	实施记录及操作要点
预紧固层门门套	 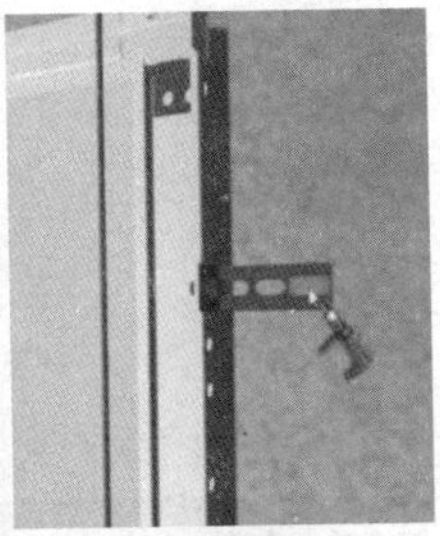 	预紧固层门门套所用到的工具和材料有____
校正层门门套	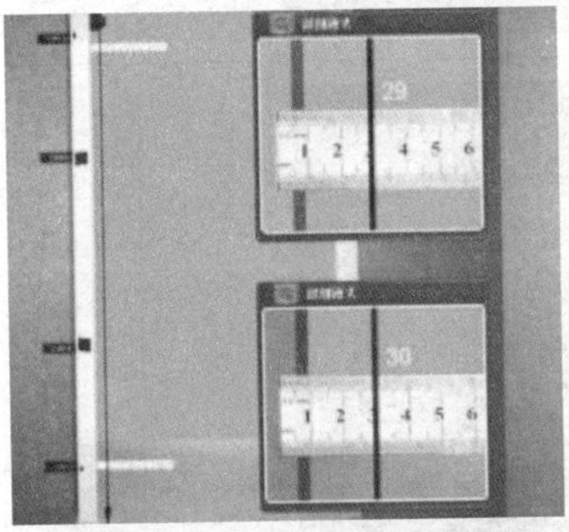 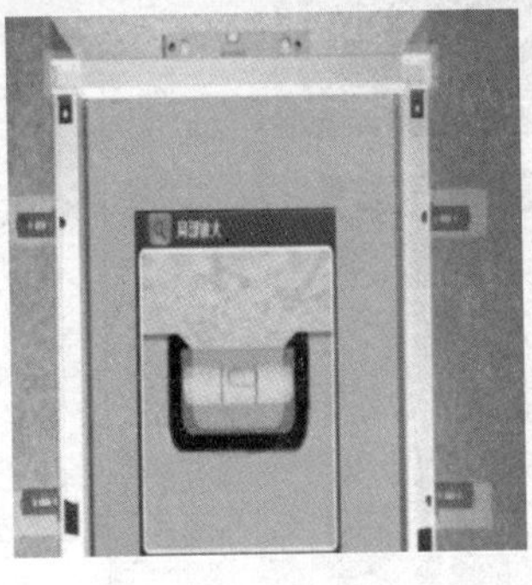	（1）用门套立柱吊线测量相对偏差为______ mm，门套横梁平行度误差应不大于______ mm （2）校正层门门套所用到的工具有____

4．安装层门门头（门上坎）

查阅相关资料，进行电梯层门门头的安装。

（1）简述层门门头的安装步骤。

（2）层门门头的安装

层门门头的安装

项目	过程图片	实施记录及操作要点
将层门门头放在门套上	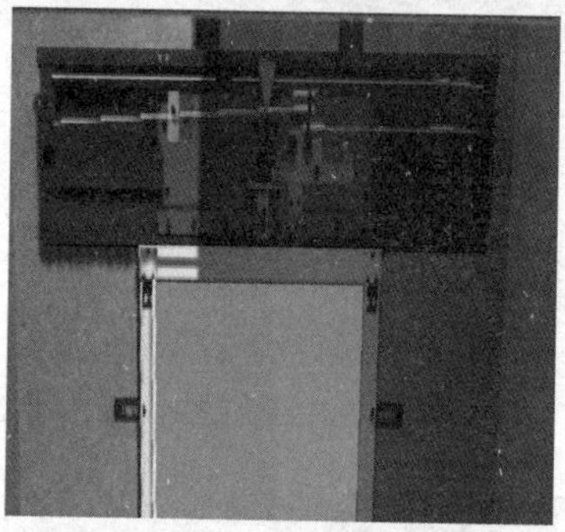	—
调整层门门头的中心位置和门头的前后对齐	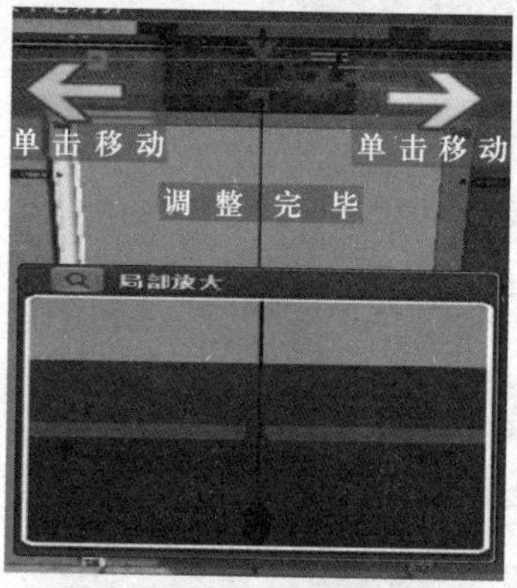 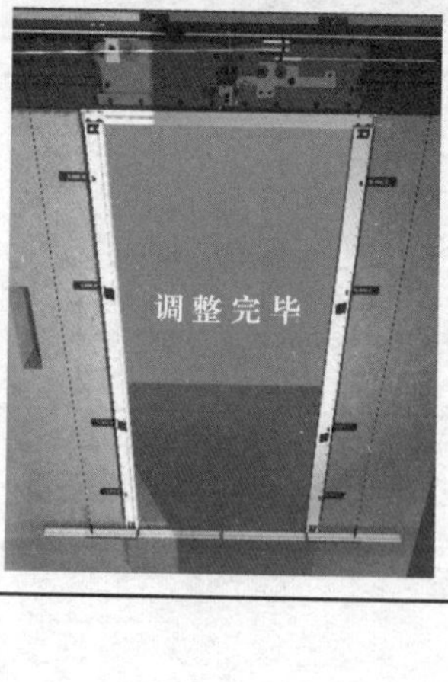	层门门头的中心位置应对准地坎的________位置线。门头的前后对齐用磁力线坠垂对地坎两点，且两点应在同一条线上，误差在________mm 内

续表

项目	过程图片	实施记录及操作要点
紧固层门门头		紧固层门门头所用到的工具和材料有____ 层门门头的平行度误差应不大于_____mm，校正层门门头所用到的工具有______________________，安装层门门头用撞拉式膨胀螺栓的规格为_____mm

5．安装层门门扇

查阅相关资料，进行电梯层门门扇的安装。

（1）简述层门门扇的安装步骤。

（2）层门门扇的安装

层门门扇的安装

项目	过程图片	实施记录及操作要点
安装层门门扇	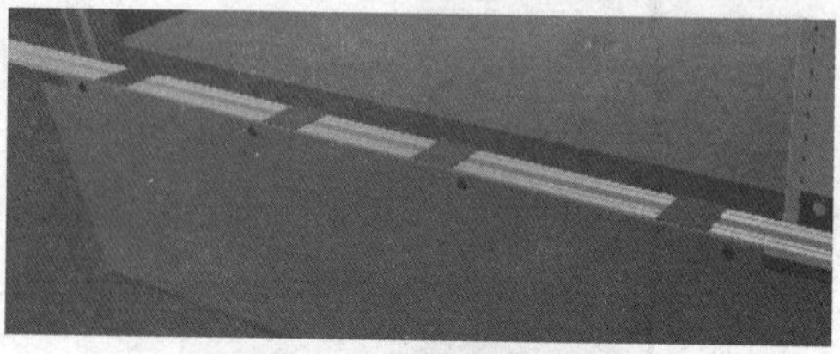 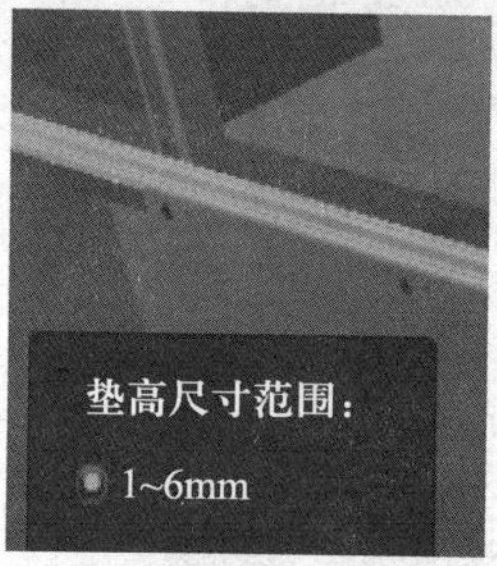	用木板将电梯层门地坎垫高
	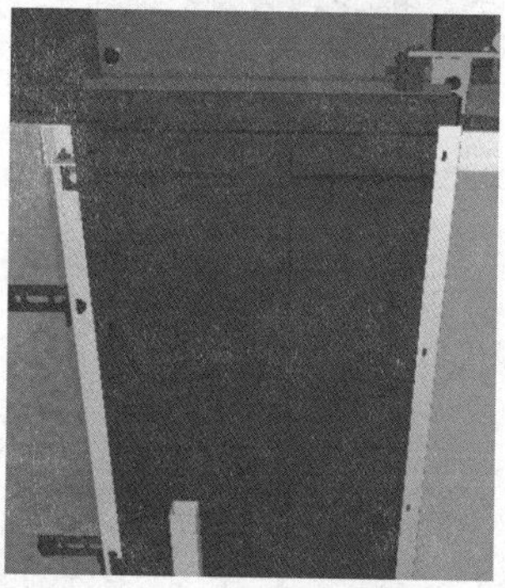	挂上层门门扇
	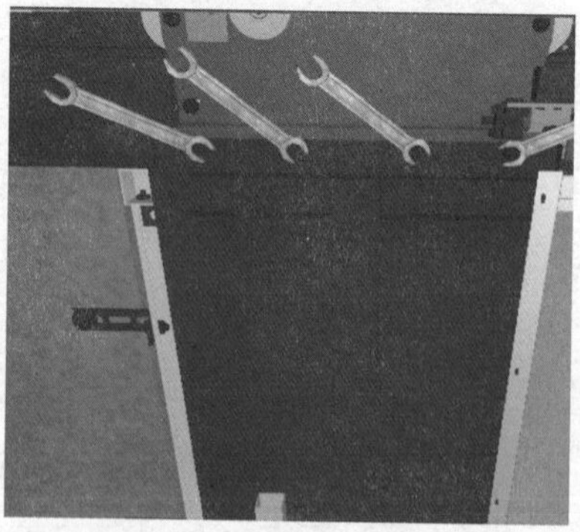	确认左右门扇后预紧固螺母 紧固门扇所用到的工具和材料有____

续表

项目	过程图片	实施记录及操作要点
校正层门门扇	  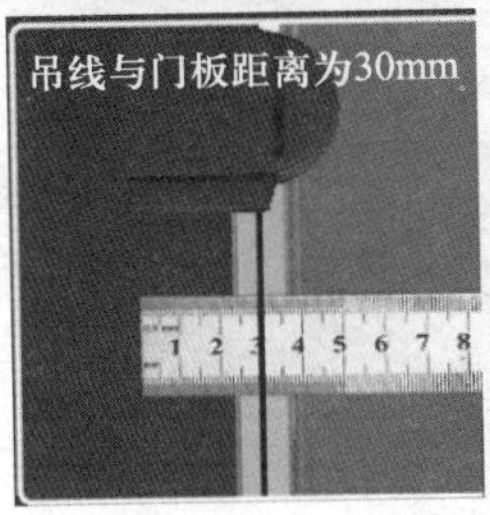 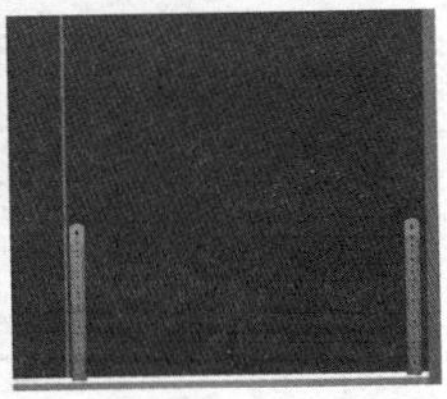 吊线与门板距离为30mm	用门扇吊线测量相对偏差及门扇对口处的不平行度应小于________，门扇底板到地坎的间距为________mm 校正层门门扇所用到的工具有____
安装层门门扇活块并调整层门门锁	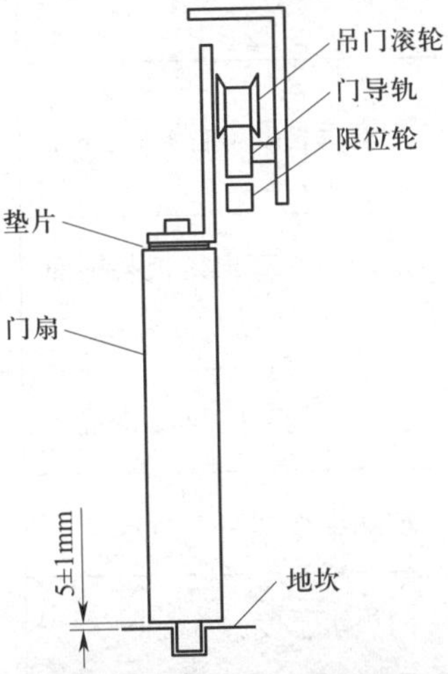 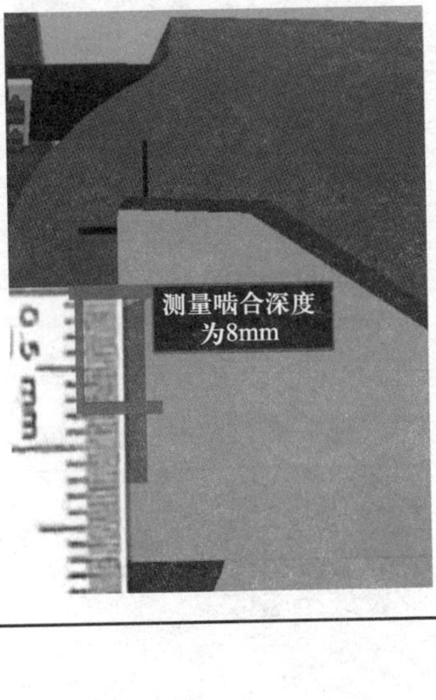 吊门滚轮 门导轨 限位轮 垫片 门扇 5±1mm 地坎 测量啮合深度为8mm	紧固层门门扇活块后，调整门锁钩与门锁座的啮合深度，应不小于________mm

以上安装完成后，装好门滑道，完成电梯层门的安装。

6．现场清理

按照生产现场管理 6S 标准，清除现场垃圾并整理现场。

六、自检与验收

1．自检

安装完成后，对照电梯层门安装记录表进行自检。

电梯层门安装记录表

<table>
<tr><th>序号</th><th colspan="2">检查项目</th><th>质量要求</th><th>自检结果</th><th>备注</th></tr>
<tr><td>1</td><td colspan="2">额定载荷</td><td>1 050 kg</td><td></td><td></td></tr>
<tr><td>2</td><td rowspan="2">门扇垂直度</td><td>门扇垂直度（左）</td><td>门扇垂直度（左）≤ 1 mm</td><td></td><td></td></tr>
<tr><td>3</td><td>门扇垂直度（右）</td><td>门扇垂直度（右）≤ 1 mm</td><td></td><td></td></tr>
<tr><td>4</td><td colspan="2">层门地坎与楼板装饰面</td><td>层门地坎高出楼板装饰面 2 ～ 5 mm</td><td></td><td></td></tr>
<tr><td>5</td><td colspan="2">门扇与门套间隙</td><td>门扇与门套间隙≤ 6 mm</td><td></td><td></td></tr>
<tr><td>6</td><td colspan="2" rowspan="4">楼层</td><td>地坎水平度≤ 1 mm</td><td></td><td></td></tr>
<tr><td>7</td><td>门头水平度≤ 1 mm</td><td></td><td></td></tr>
<tr><td>8</td><td>地坎支撑采用撞拉式膨胀螺栓（M12 × 100），安装紧固</td><td></td><td></td></tr>
<tr><td>9</td><td>门头固定采用撞拉式膨胀螺栓（M12 × 100），安装紧固</td><td></td><td></td></tr>
<tr><td>质检员</td><td colspan="2"></td><td>检验时间</td><td colspan="2"></td></tr>
</table>

2．验收

安装完成后，对照电梯层门验收记录表进行验收。

电梯层门验收记录表

<table>
<tr><th>项目</th><th colspan="3">图示及说明</th></tr>
<tr><td rowspan="2">层门地坎安装的尺寸要求、允许偏差和检验方法</td><td colspan="3">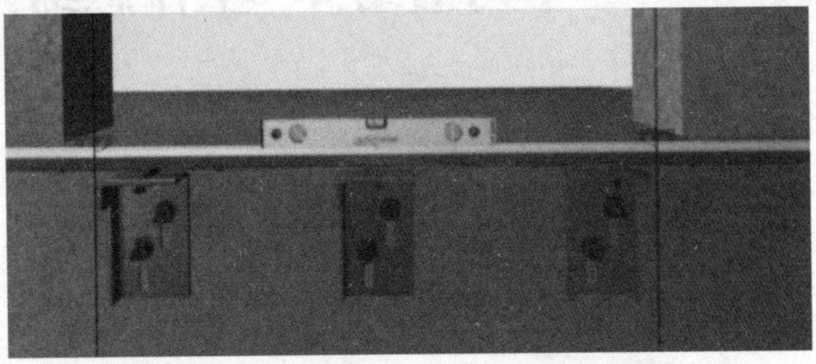</td></tr>
<tr><td colspan="3">（1）层门地坎高出楼板装饰面 2 ~ 5 mm，用尺量检查
（2）层门地坎的水平度不大于 1/1 000，用尺量检查</td></tr>
<tr><td>层门门套安装的尺寸要求、允许偏差和检验方法</td><td colspan="3">（1）层门门套的垂直度不大于 1/1 000，吊线，用尺量检查
（2）中分门关闭时缝隙为 2 mm，用尺量检查</td></tr>
<tr><td>层门门头和门扇的尺寸要求、允许偏差和检验方法</td><td colspan="3">（1）门扇垂直度≤ 1 mm（左、右），吊线，用尺量检查
（2）门扇与门套间隙≤ 6 mm，用尺量检查
（3）门头采用撞拉式膨胀螺栓，规格为 M12 × 100</td></tr>
<tr><td>成品保护</td><td colspan="3">（1）有保护膜的门扇、门套、地坎要在竣工后才能把保护膜去掉
（2）在施工过程中要注意保护层门组件，不可将其碰坏
（3）填充门套和墙之间的空隙时要求有防止门套变形的措施</td></tr>
<tr><td>质检员</td><td></td><td>检验时间</td><td></td></tr>
</table>

学习活动4 工作总结与评价

学习目标

1. 能按分组情况，派代表展示工作成果，说明本次任务的完成情况，并做分析总结。

2. 能结合任务完成情况，正确规范地撰写工作总结。

3. 能就本次任务中出现的问题提出改进措施。

4. 能对学习与工作进行总结反思，并能与他人开展良好合作，进行有效沟通。

建议学时 2学时

学习过程

一、个人、小组评价

以小组为单位，选择演示文稿、展板、海报、视频等形式中的一种或几种，向全班展示、汇报安装成果。在展示的过程中，以小组为单位进行评价；评价完成后，根据其他小组成员对本组展示成果的评价意见进行归纳总结。

汇报思路设计：

其他小组成员的评价意见：

二、教师评价

认真听取教师对本小组展示成果优缺点以及在完成任务过程中出现的亮点和不足的评价意见，并做好记录。

1．教师对本小组展示成果优点的点评。

2．教师对本小组展示成果缺点及改进方法的点评。

3．教师对本小组在整个任务完成过程中出现的亮点和不足的点评。

三、工作过程回顾及总结

1．在团队学习过程中，项目负责人给你分配了哪些工作任务？你是如何完成的？还有哪些需要改进的地方？

2．总结在完成电梯层门安装任务过程中遇到的问题和困难，列举 2 ～ 3 点你认为比较值得和其他同学分享的工作经验。

3．回顾本学习任务的工作过程，对新学专业知识和技能进行归纳和整理，撰写工作总结。

评价与分析

按照客观、公正和公平原则，在教师的指导下按自我评价、小组评价和教师评价三种方式对自己或他人在本学习任务中的表现进行综合评价。综合等级按：A（90 ~ 100）、B（75 ~ 89）、C（60 ~ 74）、D（0 ~ 59）四个级别进行填写。

学习任务综合评价表

<table>
<tr><th rowspan="2">考核项目</th><th rowspan="2">评价内容</th><th rowspan="2">配分（分）</th><th colspan="3">评价分数</th></tr>
<tr><th>自我评价</th><th>小组评价</th><th>教师评价</th></tr>
<tr><td rowspan="6">职业素养</td><td>劳动保护用品穿戴完备，仪容仪表符合工作要求</td><td>5</td><td></td><td></td><td></td></tr>
<tr><td>安全意识、责任意识强</td><td>6</td><td></td><td></td><td></td></tr>
<tr><td>积极参加教学活动，按时完成各项学习任务</td><td>6</td><td></td><td></td><td></td></tr>
<tr><td>团队合作意识强，善于与人交流和沟通</td><td>6</td><td></td><td></td><td></td></tr>
<tr><td>自觉遵守劳动纪律，尊敬师长，团结同学</td><td>6</td><td></td><td></td><td></td></tr>
<tr><td>爱护公物，节约材料，管理现场符合6S标准</td><td>6</td><td></td><td></td><td></td></tr>
<tr><td rowspan="3">专业能力</td><td>专业知识扎实，有较强的自学能力</td><td>10</td><td></td><td></td><td></td></tr>
<tr><td>操作积极，训练刻苦，具有一定的动手能力</td><td>15</td><td></td><td></td><td></td></tr>
<tr><td>技能操作规范，遵守安装工艺，工作效率高</td><td>10</td><td></td><td></td><td></td></tr>
<tr><td rowspan="2">工作成果</td><td>层门安装符合工艺规范，安装质量高</td><td>20</td><td></td><td></td><td></td></tr>
<tr><td>工作总结符合要求</td><td>10</td><td></td><td></td><td></td></tr>
<tr><td colspan="2">总　分</td><td>100</td><td></td><td></td><td></td></tr>
<tr><td rowspan="2">总评</td><td rowspan="2">自我评价 ×20%+ 小组评价 ×20%+ 教师评价 ×60%=</td><td>综合等级</td><td colspan="3" rowspan="2">教师（签名）：</td></tr>
<tr><td></td></tr>
</table>

学习任务三　缓冲器的安装

学习目标

1. 能通过识读电梯缓冲器安装工作任务单，明确安装任务。

2. 熟悉缓冲器的作用、分类、组成、工作原理及应用场合等基本知识。

3. 能正确识读电梯井道底坑平面图。

4. 能与项目组长进行专业沟通，根据电梯缓冲器安装工作任务单的要求和实际情况，小组独立制订工作计划并进行优化。

5. 能正确使用锤子、卷尺、磁力线坠、冲击钻、扳手等电梯缓冲器安装常用工具，正确穿戴安全帽、安全带、劳保服、劳保鞋、棉纱手套、防尘眼镜等安全用具。

6. 能进行电梯缓冲器部件、配件的检查和型号确认。

7. 能根据《电梯制造与安装安全规范》（GB 7588—2003）和《电梯技术条件》（GB/T 10058—2009），完成电梯缓冲器的安装。

8. 能按生产现场管理 6S 标准，清除现场垃圾并整理现场。

9. 能主动获取有效信息，展示工作成果，对学习与工作进行总结反思，并能与他人开展良好合作，进行有效的沟通。

建议学时

30 学时

工作情境描述

B 区物业花园有 1 台垂直电梯（型号为 MAX-E1050-CO1.75），需要在其井道内安装两个缓冲器，电梯安装人员从项目组长处领取安装任务书，要求在一天内完成安装任务，完成后交付验收。

学习活动 1　明确安装任务（7 学时）

学习活动 2　制订安装计划（6 学时）

学习活动 3　安装实施（15 学时）

学习活动 4　工作总结与评价（2 学时）

学习活动 1　明确安装任务

学习目标

1. 能通过识读电梯缓冲器安装工作任务单，明确安装任务。
2. 能正确识读电梯安装记录表。
3. 了解缓冲器的作用、分类、组成及应用场合，熟悉其安装位置。
4. 掌握缓冲器的工作原理。
5. 能正确识读电梯井道底坑平面图。

建议学时　7 学时

学习过程

一、明确电梯缓冲器安装工作任务

电梯安装人员从项目组长处领取电梯缓冲器安装工作任务单，明确安装项目、时间、人员及地点等。

电梯缓冲器安装工作任务单

工作任务	安装轿厢缓冲器和对重缓冲器
完成时间	90 min 内完成轿厢缓冲器和对重缓冲器的安装
人员	在项目组长（教师）指导下单独完成
地点	缓冲器安装实训室

1．从上述信息中可见：

（1）完成时间：________。

（2）完成方式（　　）。

A．三人组成小组完成　　　　　　　　　B．单独完成

2．查阅《电梯制造与安装安全规范》（GB 7588—2003）和《电梯技术条件》（GB/T 10058—2009），写出电梯缓冲器的安装要求。

二、填写电梯安装记录表

识读电梯施工过程记录表、电梯施工条件记录表和限速器、缓冲器安装质量施工过程记录表，筛选电梯缓冲器安装过程中需要记录的内容，并在与缓冲器安装相关的项目后面打“√”。

电梯施工过程记录表

序号	记录名称	相关性
1	电梯运行过程记录	
2	电梯开箱记录	
3	土建验收确认记录	
4	电梯施工条件记录	
5	电梯样板架施工过程记录	
6	导轨支架安装隐检记录	
7	轿厢导轨安装质量施工过程记录	
8	对重导轨安装质量施工过程记录	
9	电梯层门安装质量施工过程记录	
10	承重梁安装隐检记录	
11	曳引装置安装质量施工过程记录	
12	轿厢组装质量施工过程记录	
13	绳头制作隐检记录	
14	悬挂装置安装质量施工过程记录	

续表

序号	记录名称	相关性
15	限速器、缓冲器安装质量施工过程记录	
16	电气装置安装质量施工过程记录	
17	随行电缆安装质量施工过程记录	
18	电气安全装置检查过程记录	
19	电梯主要功能检查过程记录	
20	电梯负荷运行检查过程记录	
21	电梯试运转及平层精度检查过程记录	
22	无机房电梯附加施工过程记录	

电梯施工条件记录表

<table>
<tr><th>序号</th><th>项目</th><th>内容与要求</th><th>相关性</th></tr>
<tr><td colspan="4">一、电梯的工作条件应符合《电梯技术条件》（GB/T 10058—2009）的规定</td></tr>
<tr><td>1</td><td>机房温度</td><td>5 ~ 40℃</td><td></td></tr>
<tr><td>2</td><td>相对湿度</td><td>相对湿度应保持在电梯及检验所允许的范围内</td><td></td></tr>
<tr><td>3</td><td>供电电压</td><td>波动在额定电压的 ±7% 范围内</td><td></td></tr>
<tr><td>4</td><td>环境空气</td><td>不应含有腐蚀性和易燃性气体及导电尘埃</td><td></td></tr>
<tr><td colspan="4">二、提交验收的电梯应具备完整的资料文件</td></tr>
<tr><td colspan="2" rowspan="6">制造单位应提供的资料文件</td><td>装箱单、产品出厂合格证、机房井道布置图</td><td></td></tr>
<tr><td>安装、使用及维护说明书（含润滑汇总表、电梯功能表和符号及代号说明）</td><td></td></tr>
<tr><td>动力电路和安全电路的电气原理图</td><td></td></tr>
<tr><td>门锁装置、限速器、安全钳、缓冲器、含有电子元件的安全电路（如果有）、轿厢上行超速保护装置的型式试验合格证书复印件</td><td></td></tr>
<tr><td>紧急救援和紧急电动运行说明（如果有）、电梯整机产品型式试验合格证书复印件或报告书</td><td></td></tr>
<tr><td>如有防火要求，应具备层门耐火试验证书</td><td></td></tr>
<tr><td colspan="2" rowspan="3">安装单位应提供的资料文件</td><td>安装自检记录（本册）</td><td></td></tr>
<tr><td>安装过程中事故记录与处理报告（如发生时）</td><td></td></tr>
<tr><td>变更设计的证明文件（如发生时）、其他有关资料</td><td></td></tr>
</table>

续表

序号	项目	内容与要求	相关性
三、电梯环境			
1	机房及通道	机房门应为防火门；门应向外开启；机房门应装有带钥匙的锁，机房门可以从机房内不用钥匙打开；门窗装配齐全并应防风雨；门口应有“机房重地，闲人免进”标示牌；机房无杂物，通道应安全、畅通	
2	井道及底坑	无杂物、积水、油污及与电梯无关的设施	
3	润滑	各机械活动部位按产品要求加注润滑油	
4	安全装置	齐全、位置正确、功能有效、安全可靠	

限速器、缓冲器安装质量施工过程记录表

<table>
<tr><th>部件名称</th><th colspan="5">内容与要求</th><th>相关性</th></tr>
<tr><td rowspan="2">上行超速保护装置、限速器铭牌</td><td colspan="5">制造厂名称、整定动作速度</td><td></td></tr>
<tr><td colspan="5">型式试验标志、试验单位</td><td></td></tr>
<tr><td rowspan="4">限速器</td><td colspan="5">封装完好、无拆痕，标明安全钳、闸块动作相应的方向</td><td></td></tr>
<tr><td colspan="5">完全可接近。若装在井道内，可从井道外接近，或满足《电梯制造与安装安全规范》（GB 7588—2003）9.9.8.3 规定</td><td></td></tr>
<tr><td colspan="5">安装位置正确，运转平稳，动作正确，润滑良好</td><td></td></tr>
<tr><td colspan="5">底座牢固，当与安全钳联动时无颤动</td><td></td></tr>
<tr><td>上行超速保护装置</td><td colspan="5">安装位置正确，动作正确，润滑良好</td><td></td></tr>
<tr><td rowspan="3">限速器张紧装置</td><td colspan="5">润滑良好，应有导向措施，限速器动作时限速器绳的张紧力不应小于安全钳装置起作用时所需力的两倍，且≥ 300 N</td><td></td></tr>
<tr><td rowspan="2">底部与底坑地面之间的距离</td><td>$v \leqslant$ 1.0 m/s</td><td>1.0 < $v \leqslant$ 2.0 m/s</td><td>2.0 < $v \leqslant$ 2.5 m/s</td><td>v > 2.5 m/s</td><td rowspan="2"></td></tr>
<tr><td>400 ± 50 mm</td><td>550 ± 50 mm</td><td>750 ± 50 mm</td><td>按产品要求</td></tr>
<tr><td rowspan="2">限速轮、钢带轮</td><td colspan="3">垂直度</td><td>限速轮≤ 0.5 mm</td><td>钢带轮≤ 2 mm</td><td></td></tr>
<tr><td colspan="3">张紧装置底部距底坑地面</td><td colspan="2">450 ± 50 mm（或按产品要求）</td><td></td></tr>
</table>

续表

部件名称	内容与要求					相关性
缓冲器铭牌	制造厂名称、型式试验标志、试验单位					
缓冲器	缓冲距离（mm）	□蓄能型 □耗能型	轿厢			
			对重			
	轿厢撞板与缓冲器的中心偏差		≤ 20 mm			
	对重撞板与缓冲器的中心偏差		≤ 20 mm			
	同基础两缓冲器顶与轿底对应距离差		≤ 2 mm			
蓄能型缓冲器	顶面水平度		≤ 4/1 000			
油压缓冲器（耗能型缓冲器）	柱塞垂直度		≤ 0.5%			
	充液量正确					
	柱塞无锈蚀					
	设有电气安全开关					
随行缓冲器	底坑支座高度≥ 0.5 m	轿厢		对重		

三、认识缓冲器

查阅相关资料，认识缓冲器。

1．简述缓冲器在电梯中的作用。

2．简述电梯缓冲器的分类。

3．根据图示写出缓冲器各部件的名称。

常见的缓冲器有弹簧缓冲器和油压缓冲器等。

（1）弹簧缓冲器

弹簧缓冲器一般由缓冲橡胶、上缓冲座、缓冲弹簧、弹簧底座、地脚螺栓组成。

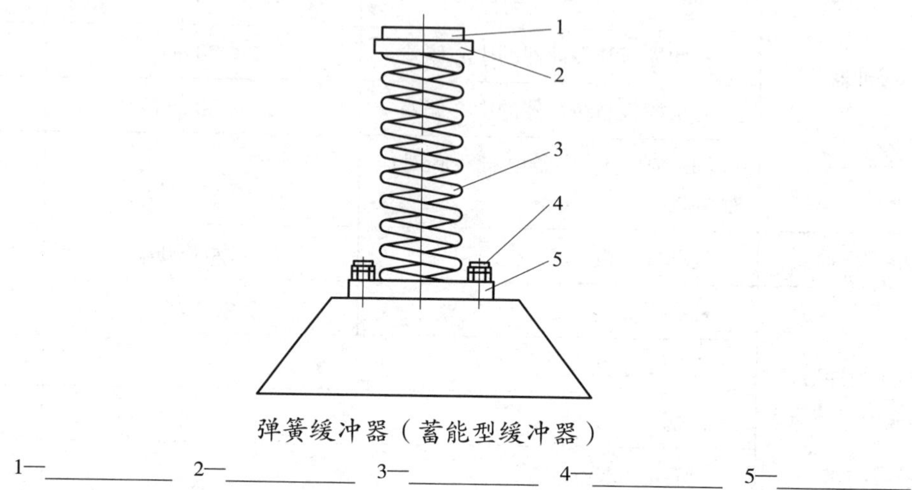

弹簧缓冲器（蓄能型缓冲器）

1—__________ 2—__________ 3—__________ 4—__________ 5—__________

（2）油压缓冲器

油压缓冲器一般由消音套、受撞头、外管、蓄压器、轴心、液压油、油孔、活塞、逆止阀、复位弹簧、内管组成。

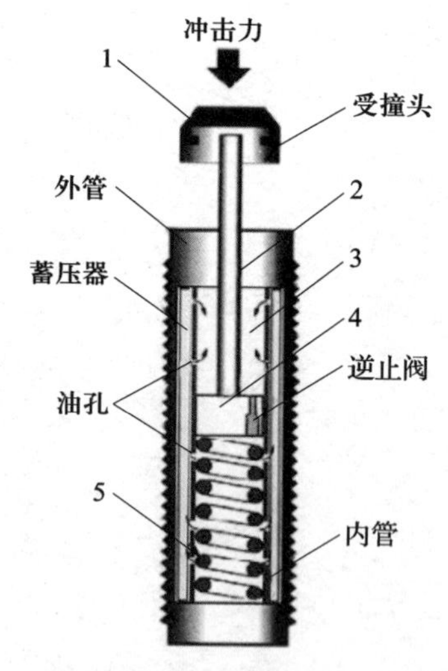

油压缓冲器（耗能型缓冲器）

1—__________ 2—__________ 3—__________ 4—__________ 5—__________

4．简述油压缓冲器的工作原理。

5．选择缓冲器，是的打“√”，不是的打“×”。

缓冲器认识表

（　）	（　）	（　）
		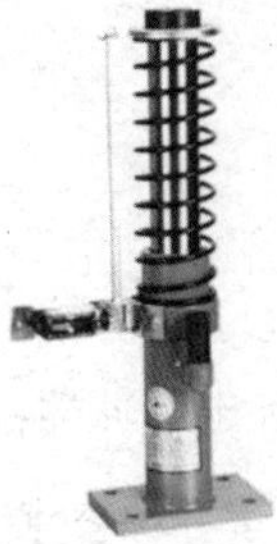
（　）	（　）	（　）

6．蓄能型缓冲器有什么缺点？适用于哪种速度的电梯？

四、认识电梯井道底坑部件

查阅相关资料，确认电梯井道底坑部件分布图中各部件的名称，明确缓冲器的安装位置。

1．根据图示指出底坑部件的名称。

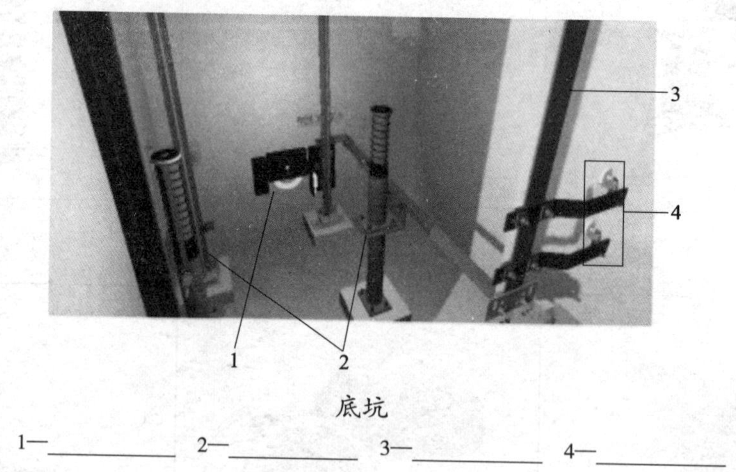

底坑

1—＿＿＿＿ 2—＿＿＿＿ 3—＿＿＿＿ 4—＿＿＿＿

2．选出缓冲器的安装位置。

（1）缓冲器安装在（　　）。

A．机房　　B．井道底坑　　C．层站

（2）缓冲器的具体安装位置在（　　）。

A．层门下面　　B．轿厢下面　　C．对重下面

3．识读底坑平面图。

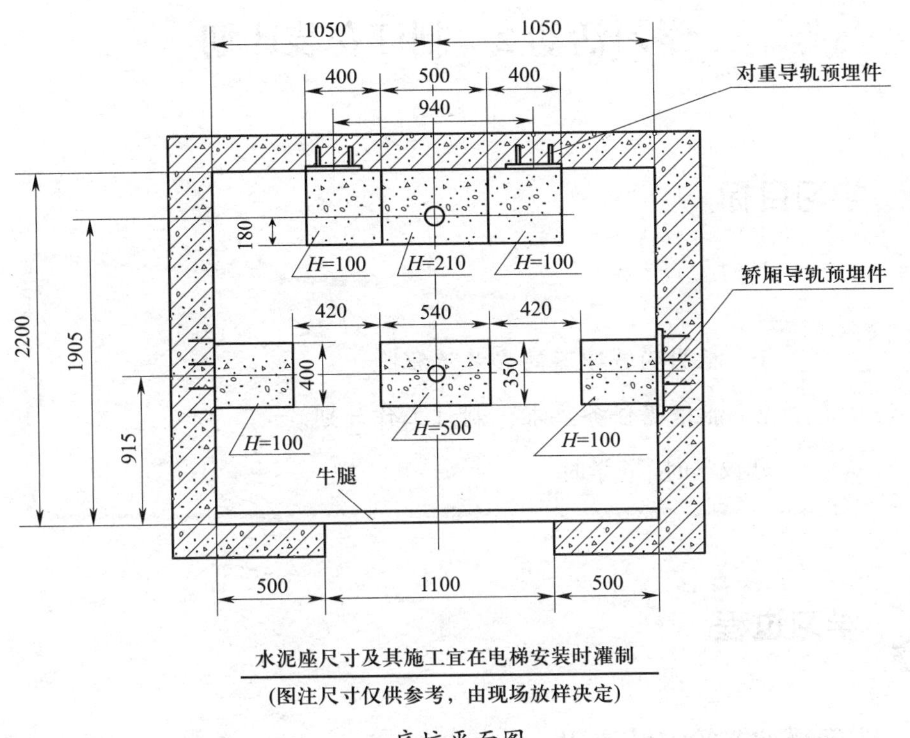

底坑平面图

参考底坑平面图，写出相关参数。

轿厢缓冲器水泥座尺寸：长________mm、宽________mm、高________mm。

对重缓冲器水泥座尺寸：长________mm、宽________mm、高________mm。

学习活动2　制订安装计划

学习目标

1. 能明确缓冲器的安装流程。
2. 能根据任务要求，制订工作计划。

建议学时　6学时

学习过程

一、明确缓冲器的安装流程

熟悉缓冲器的安装流程，并填写缓冲器安装流程表。

缓冲器安装流程表

1. 安装流程
缓冲器的安装操作包括：安装后清理现场、检查安全警示牌设置情况、检查施工条件、准备工具和材料、安装后自检、安装缓冲器等，按正确的顺序填在下面的框中 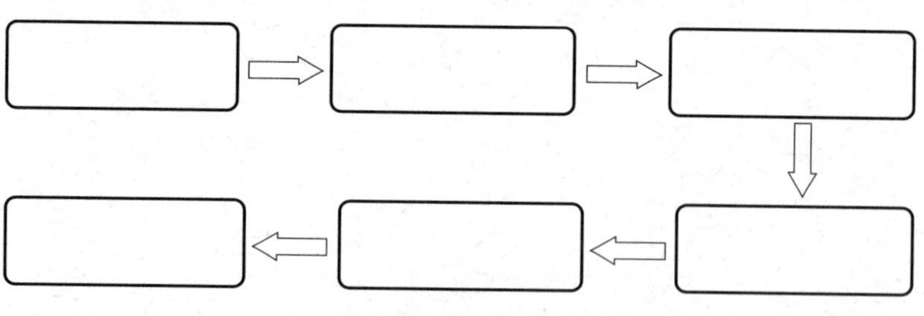 缓冲器的安装流程
2. 安装注意事项

二、制订工作计划

根据缓冲器的安装要求，制订工作计划。

工作计划表

1. 电梯型号	
2. 缓冲器类型	
3. 所需的工具、设备、资料	
4. 安装缓冲器的流程	

5. 人员分工

序号	工作内容	负责人	计划完成时间	备注
1				
2				
3				
4				
5				

制订工作计划之后，需要对计划内容、实施的方案进行可行性研究，要求对实施地点、准备工作、过程及方案等细节进行探讨分析，保证后续安装实施安全、可靠地执行。

学习活动3 安装实施

学习目标

1. 能正确使用冲击钻、磁力线坠、划针等电梯缓冲器安装常用工具。

2. 能正确穿戴安全帽、劳保服、棉纱手套等安全用具。

3. 能进行缓冲器部件、配件的检查。

4. 能完成缓冲器的定位、固定及垂直度的调整。

5. 能进行自检与验收。

建议学时 15学时

学习过程

一、领取工具及材料

领取工具及材料，并填写工具及材料领用表。

工具及材料领用表

工具、材料名称	数量	单位	规格	领用时间	领用人	归还时间	备注

续表

工具、材料名称	数量	单位	规格	领用时间	领用人	归还时间	备注
注意事项	1. 领用人应保管好工具，若有遗失，要照价赔偿 2. 易耗或因公损坏的工具、材料应在教师确认后更换 3. 领用工具必须在规定的场合使用，未经允许不得外借						

二、认识、使用常用工具及安全用具

1. 常用工具的使用

在电梯缓冲器安装中可能用到的工具有扳手、磁力线坠、钢直尺、冲击钻、水平尺、榔头、卷尺等，练习使用常用工具。

常用工具的使用

工具	选用或测量结果	操作练习对象（可根据实际情况设置）
扳手	选用规格：______	操作层门螺母
磁力线坠、钢直尺	500 mm 内上下相差______ mm	测量黑板的垂直度
水平尺	水平情况：______ ______ ______	测量书桌水平
卷尺	长______ mm、宽______ mm、高______ mm	测量电梯底坑水泥墩的尺寸
榔头	榔头的作用是：______ ______ ______	无
冲击钻	选用钻头规格为______	给定一膨胀螺钉（如 M12）

2．安全用具的佩戴

在电梯缓冲器安装中可能用到的安全用具有安全帽、安全带、棉纱手套等，根据前面所学安全用具相关知识，正确穿戴安全用具。

三、检查缓冲器部件、配件

在进行缓冲器安装前需要检查缓冲器部件、配件是否齐全，规格是否符合要求，根据提供的缓冲器部件、配件，在缓冲器部件、配件确认记录表中标明其规格、型号和数量。

缓冲器部件、配件确认记录表

序号	名称	型号或规格	数量
1	缓冲器		
2	配件 1（膨胀螺钉）		
3	配件 2（螺栓）		
4	配件 3（螺母）		
5	配件 4（垫片）		

1．螺纹

（1）螺纹牙型

螺纹牙型是指在通过螺纹轴线的剖面上的螺纹轮廓形状。常见的螺纹牙型有锯齿形、三角形和梯形。

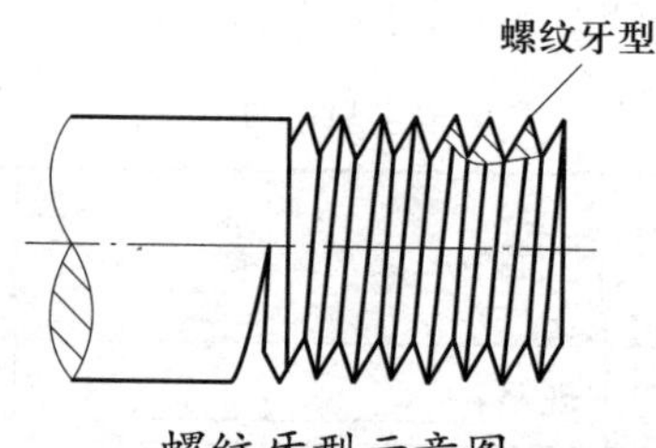

螺纹牙型示意图

将螺纹牙型与相应的名称进行连线。

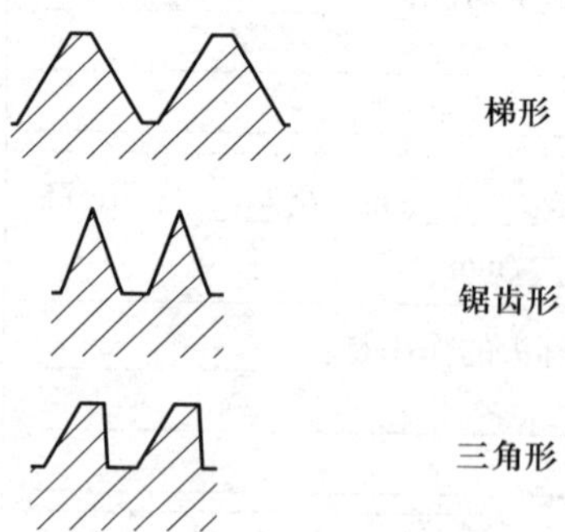

螺纹牙型及其名称的对应关系

（2）螺纹的大径和小径

大径：与外螺纹牙顶或内螺纹牙底相切的假想圆柱面的直径，用 D、d 表示；小径：与外螺纹牙底或内螺纹牙顶相切的假想圆柱面的直径，用 D_1、d_1 表示。

判断下面两幅图大径与小径标注的正误，正确的打“√”，错误的打“×”。

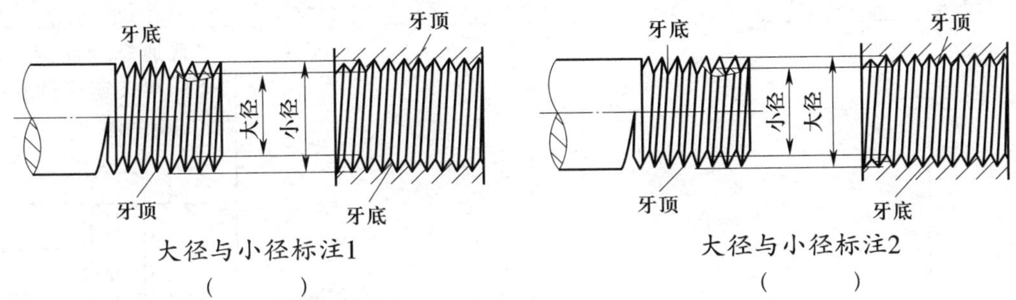

大径与小径标注1　（　　）　　大径与小径标注2　（　　）

（3）螺纹的特征代号及用途

将下表中的螺纹种类和特征代号补充完整。

常用几种螺纹的特征代号及用途

螺纹种类			特征代号	外形图	用途
连接螺纹	粗牙	普通螺纹	M		这种螺纹是最常用的连接螺纹，用于细小的精密件或薄壁零件
	细牙				
	管螺纹				管螺纹主要用在水管、油管、气管等薄壁管子上，用于管路的连接
传动螺纹			Tr		这种螺纹主要用于各种机床的丝杠，用作传动
	锯齿形螺纹				锯齿形螺纹只能传递单方向的动力

（4）螺纹的连接及防松

1）螺纹的连接。螺纹的连接是利用螺纹零件构成的一种可拆连接。螺纹连接的类型有螺栓连接、双头螺柱连接、螺钉连接、紧定螺钉连接。常用的螺纹连接件有螺栓、双头螺柱、螺钉、螺母和垫片等。根据下表中的描述和图示，将螺纹连接的类型补充完整。

螺纹的连接

螺纹连接的类型	描述	图示
螺栓连接	在被连接件上开有通孔，被连接件孔中不加工螺纹。这种连接结构简单，装拆方便，使用时不受被连接件材料的限制，应用较广	普通螺栓连接：螺栓杆与被连接件孔壁之间有间隙 有间隙 铰制孔用螺栓连接：螺栓杆与被连接件孔壁之间无间隙 无间隙
	用两头均有螺纹的螺柱和螺母把被连接件连接起来，被连接件一个为光孔，另一个为螺纹孔。这种连接适用于其中一个被连接件的厚度很大、不宜钻通孔但又需要经常拆卸的场合	
	被连接件一个为光孔，另一个为螺纹孔。这种连接只用螺钉，不用螺母，直接把螺钉拧进被连接件的螺纹孔中，适用于载荷较轻且不经常装拆的场合	

续表

螺纹连接的类型	描述	图示
紧定螺钉连接	这种连接利用拧入被连接件螺纹孔中的螺钉末端顶住另一零件的表面，以固定零件的相对位置，可传递不大的力或扭矩	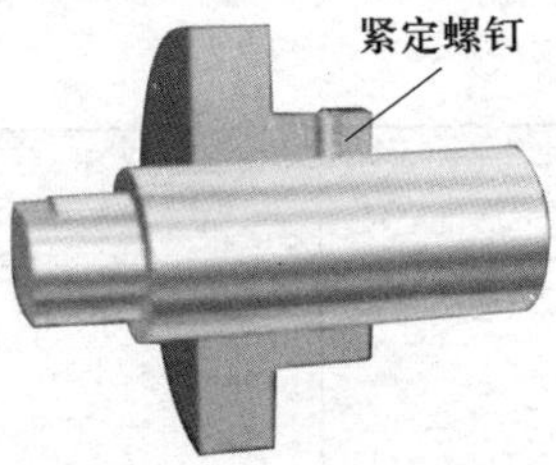 紧定螺钉

2）螺纹连接的防松。螺纹连接的防松有摩擦防松、机械防松和永久防松等。

①摩擦防松。摩擦防松的方法有弹簧垫圈防松、对顶螺母（双螺母）防松、尼龙圈锁紧螺母防松。根据下表中的描述和图示，将摩擦防松的类型补充完整。

摩擦防松

类型	描述	图示
	弹簧垫圈材料为弹簧钢，装配后垫圈被压平，其反弹力使螺纹间保持压紧力和摩擦力	
对顶螺母防松	利用两螺母的对顶作用使螺栓始终受到附加的拉力和附加的摩擦力	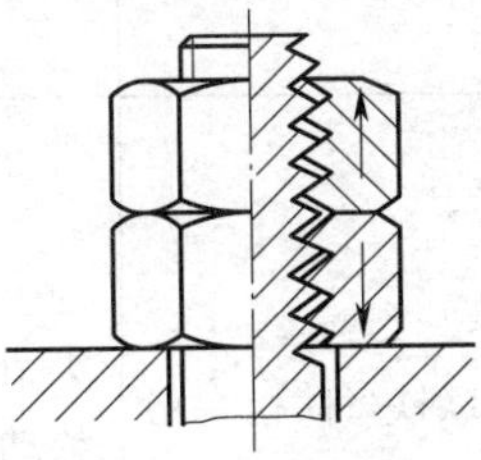
	螺纹旋入处嵌入纤维或尼龙来增加摩擦力。该弹性圈还起防止液体泄漏的作用	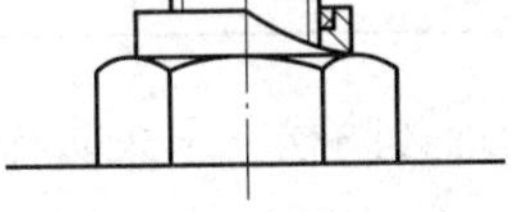

②机械防松。机械防松的操作方法是在连接时加入其他机械元件，如开口销、止动垫圈，此外还可以串联铁丝等。根据下表中的描述和图示，将机械防松的类型补充完整。

机械防松

类型	描述	图示
	槽形螺母拧紧后，用开口销穿过螺栓尾部小孔和螺母的槽，也可以用普通螺母拧紧后再配钻销孔	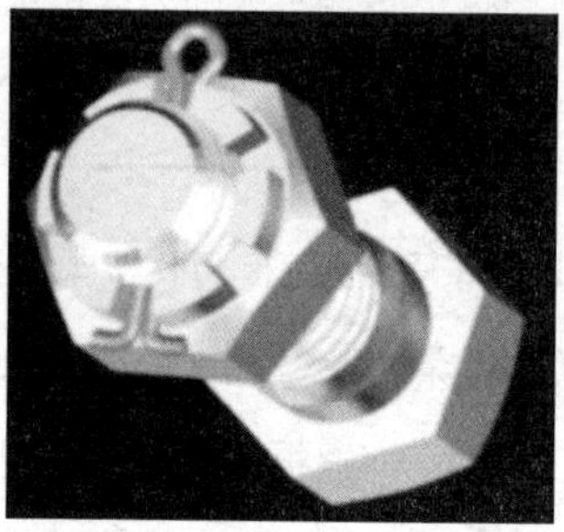
	使垫圈内舌嵌入螺栓（轴）的槽内，拧紧螺母后将垫圈外舌的其中一个褶嵌于螺母的一个槽内	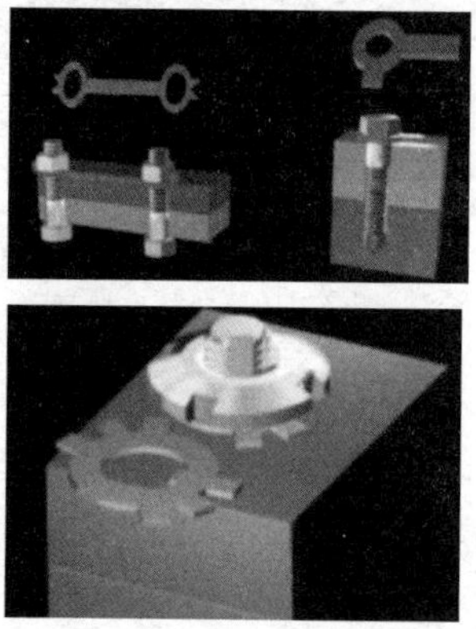
串联铁丝防松	在螺栓紧固后串联铁丝以防止松动	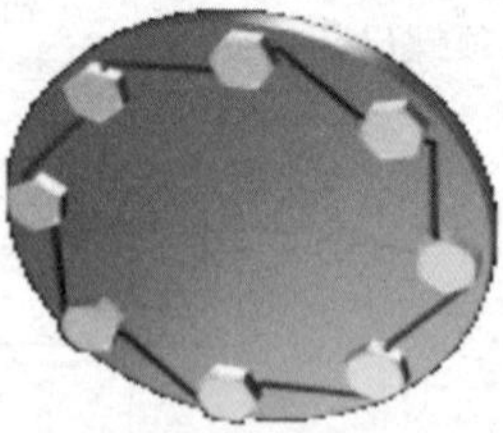

③永久防松。永久防松是通过破坏螺纹副来实现的，永久防松的方法有冲点、黏合、焊接等。根据下表中的描述和图示，将永久防松的类型补充完整。

永久防松

类型	描述	图示
	用冲头在螺栓杆末端与螺母的旋合缝处打冲，利用冲点防松。冲点可以在端面，也可以在侧面，冲点中心一般在螺纹的小径处。这种防松方法可靠，但拆卸后连接件不能再使用	1~1.5mm
黏合防松	黏合防松是指采用厌氧性黏结剂涂于螺纹旋合表面，拧紧螺母后黏结剂能自行固化，防松效果良好	涂黏结剂
	在紧固螺栓后，将螺栓与螺栓上的螺纹进行焊接，起永久防松效果	焊点

2．螺栓、螺母

（1）型号含义

型号含义认识表

型号举例	说明
螺母 GB6172（国标号）　M12（螺纹规格）	M：普通螺纹 12：大径为 12 mm
螺栓 GB5780　M12×80（螺栓长度）	M：普通螺纹 12：大径为 12 mm 80：螺栓长度为 80 mm
螺母 GB6172　M20	M： 20：
螺栓 GB5780　M16×100	M： 16： 100：

（2）识图、绘图

螺母、螺栓的作用及绘制

元件	实物图	作用	绘图	
螺母		连接件，起固定作用	绘图	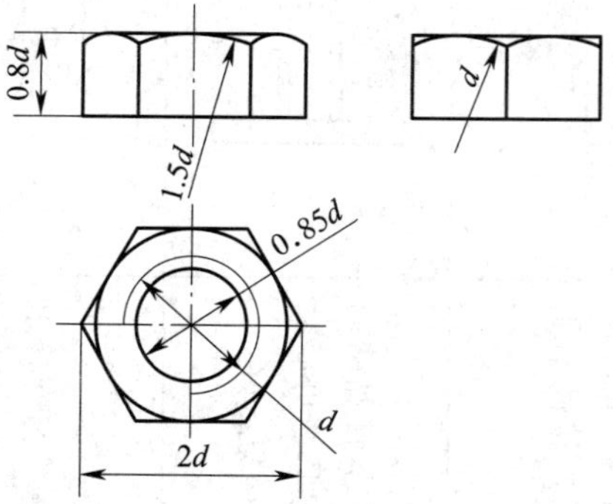 0.8d　1.5d　d　0.85d　d　2d
			简化图	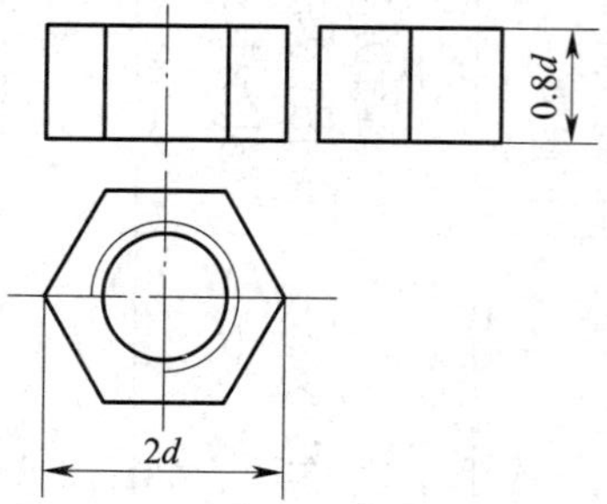 0.8d　2d

续表

元件	实物图	作用	绘图	
螺栓	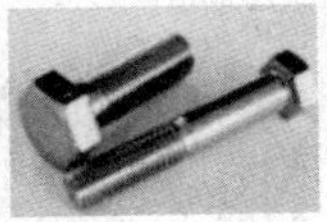	连接件，起固定作用	绘图	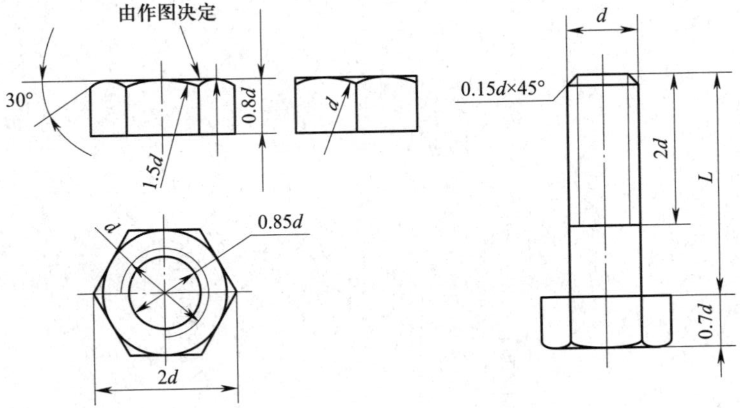
			简化图	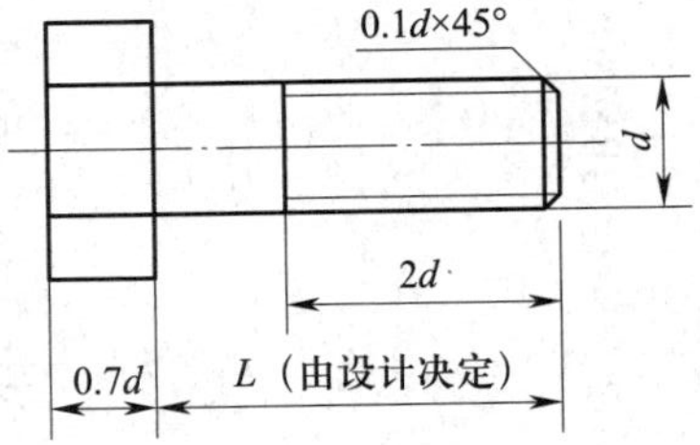

1）画出螺母 GB6172　M12 的简化图。

2）画出螺栓 GB5780　M12×80 的简化图。

3）对于螺母 GB6172　M12，应选用什么规格的扳手？

四、安装缓冲器

以安装轿厢缓冲器为例，完成缓冲器的安装（对重缓冲器的安装参考轿厢缓冲器的安装步骤进行）。

1．设置安全警示牌和检查施工条件

设置安全警示牌和检查施工条件

项目	参考对象	检查结果	采取措施
检查安全警示牌设置是否合理		合理□	无
		不合理□	

续表

项目	参考对象	检查结果	采取措施
检查施工条件是否符合要求		符合□	无
		不符合□	

2．缓冲器的定位

（1）以下工作步骤正确的排序是：________→________→________→________→________。

缓冲器的定位步骤

项目	图示
A．对准轿厢撞板中心点放一垂线	
B．将缓冲器底座对准垂线	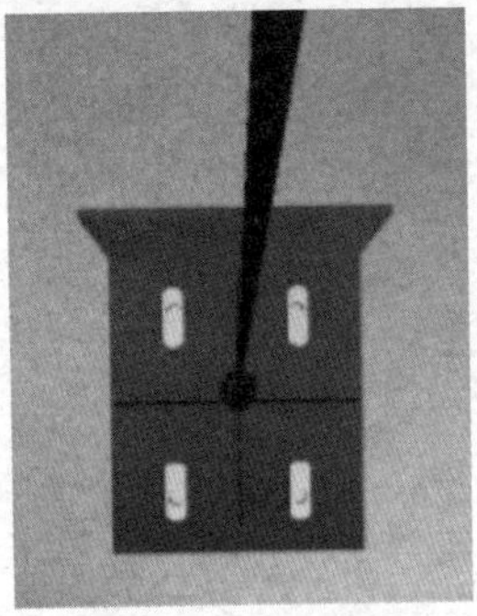

续表

项目	图示
C．将垂线伸长一定的长度	
D．用划笔划标线	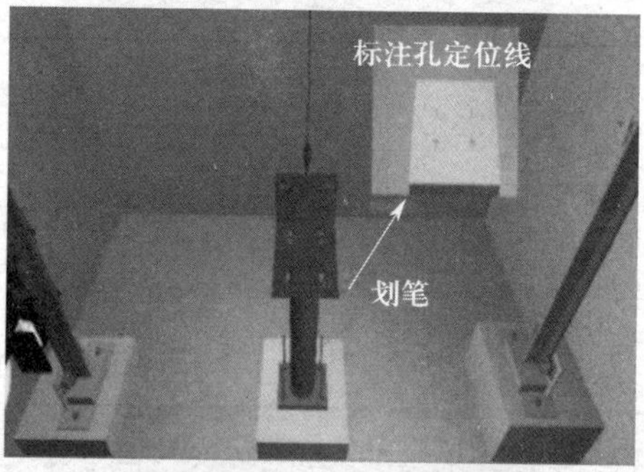 标注孔定位线 划笔
E．打孔	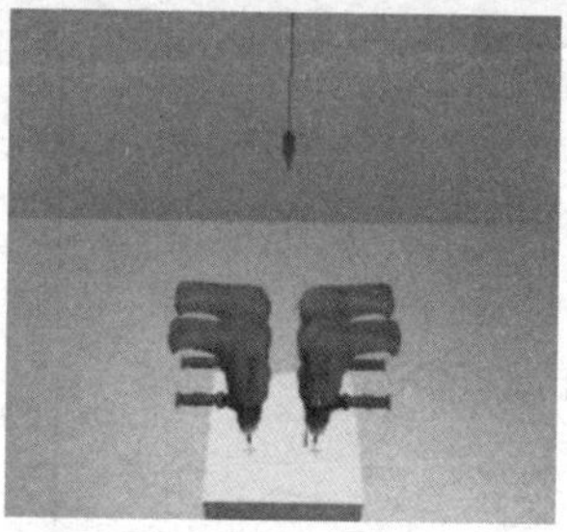

（2）缓冲器定位时用到的工具有哪些？

3．缓冲器的固定

（1）操作步骤及图示

缓冲器的固定

项目	图示
固定底座	
固定缓冲器	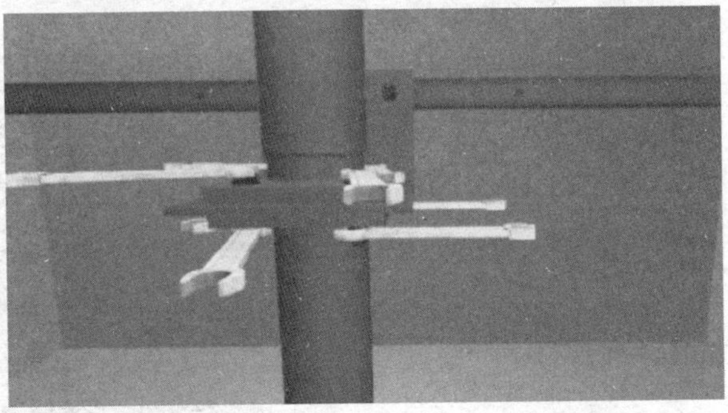

（2）缓冲器的固定需要用到哪些工具？配件有哪些？

4．缓冲器垂直度的调整

（1）根据图示在下表中选择合适的选项。

缓冲器垂直度的调整

项目	图示
测量点选择（　　） A．*A* 点、*B* 点 B．*A* 点、*C* 点 C．*C* 点、*D* 点	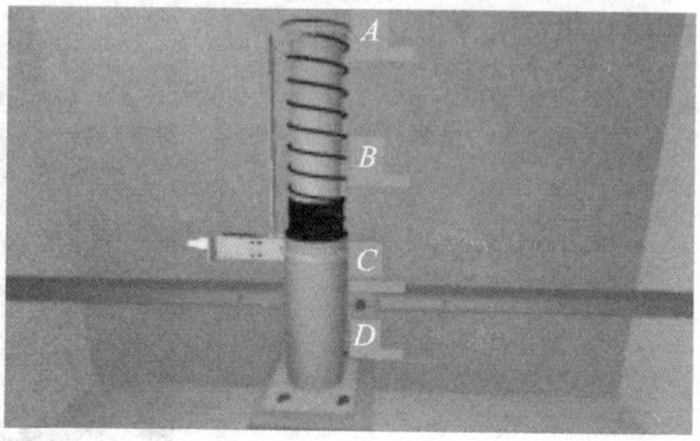 A B C D
垂直度判断：（　　）已垂直 A．A 图 B．B 图 C．不确定	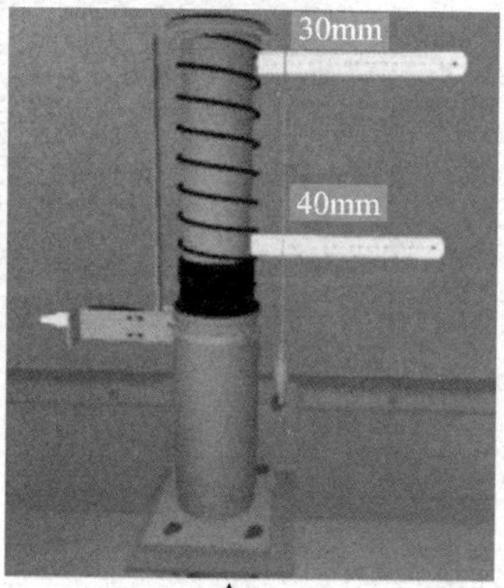 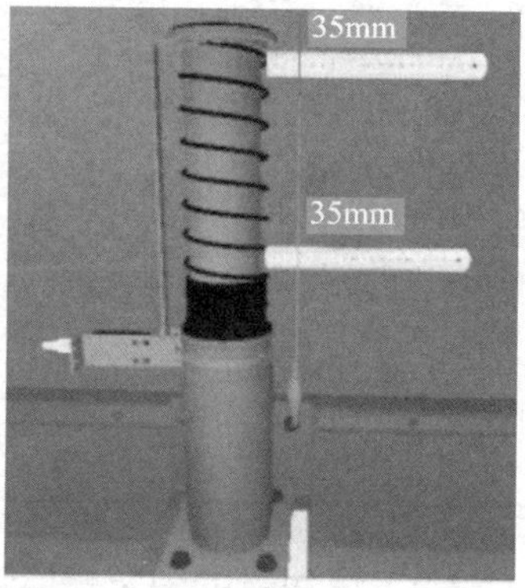 30mm 40mm A 35mm 35mm B
垂直度调整 （1）通过增加（　　）来调整 A．木块 B．水泥砂浆 C．垫片	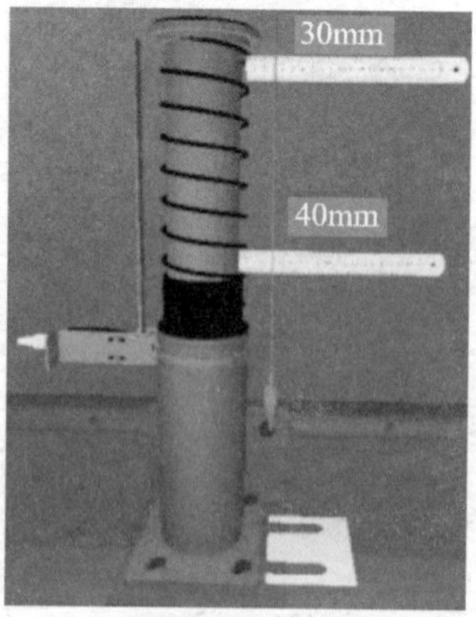 30mm 40mm

续表

项目	图示
（2）与第一次测量面成 90° 的面（　　）再测量 A．需要 B．不需要 C．不确定	35mm 35mm

（2）缓冲器垂直度的调整需要用到哪些工具?

5．现场清理

按照生产现场管理 6S 标准，清除现场垃圾并整理现场。

五、自检及验收

1．自检

安装完成后，对照电梯缓冲器安装记录表进行自检。

电梯缓冲器安装记录表

序号	检查项目		检查内容与要求	自检结果	备注
1	电梯施工条件：井道及底坑		无杂物、积水与油污及与电梯无关的设施		
2	缓冲器	蓄能型	轿厢撞板与缓冲器的中心偏差≤ 20 mm		
3		耗能型	对重撞板与缓冲器的中心偏差≤ 20 mm		

续表

序号	检查项目	检查内容与要求	自检结果	备注
4	蓄能型缓冲器	顶面水平度≤ 4/1 000		
5	油压缓冲器	柱塞垂直度≤ 0.5 mm		
6		充液量正确		
7		柱塞无锈蚀		
8		设有电气安全开关		

2．验收

安装完成后，按照相关要求对电梯缓冲器进行验收。

学习活动 4　工作总结与评价

学习目标

1. 能按分组情况，派代表展示工作成果，说明本次任务的完成情况，并做分析总结。

2. 能结合任务完成情况，正确规范地撰写工作总结。

3. 能就本次任务中出现的问题提出改进措施。

4. 能对学习与工作进行总结反思，并能与他人开展良好合作，进行有效沟通。

建议学时　2 学时

学习过程

一、个人、小组评价

以小组为单位，选择演示文稿、展板、海报、视频等形式中的一种或几种，向全班展示、汇报安装成果。在展示的过程中，以小组为单位进行评价；评价完成后，根据其他小组成员对本组展示成果的评价意见进行归纳总结。

汇报思路设计：

其他小组成员的评价意见：

二、教师评价

认真听取教师对本小组展示成果优缺点以及在完成任务过程中出现的亮点和不足的评价意见，并做好记录。

1．教师对本小组展示成果优点的点评。

2．教师对本小组展示成果缺点及改进方法的点评。

3．教师对本小组在整个任务完成过程中出现的亮点和不足的点评。

三、工作过程回顾及总结

1．在团队学习过程中，项目负责人给你分配了哪些工作任务？你是如何完成的？还有哪些需要改进的地方？

2．总结在完成电梯缓冲器安装任务过程中遇到的问题和困难，列举 2 ～ 3 点你认为比较值得和其他同学分享的工作经验。

3．回顾本学习任务的工作过程，对新学专业知识和技能进行归纳和整理，撰写工作总结。

评价与分析

按照客观、公正和公平原则，在教师的指导下按自我评价、小组评价和教师评价三种方式对自己或他人在本学习任务中的表现进行综合评价。综合等级按：A（90 ~ 100）、B（75 ~ 89）、C（60 ~ 74）、D（0 ~ 59）四个级别进行填写。

学习任务综合评价表

考核项目	评价内容	配分（分）	评价分数		
			自我评价	小组评价	教师评价
职业素养	劳动保护用品穿戴完备，仪容仪表符合工作要求	5			
	安全意识、责任意识强	6			
	积极参加教学活动，按时完成各项学习任务	6			
	团队合作意识强，善于与人交流和沟通	6			
	自觉遵守劳动纪律，尊敬师长，团结同学	6			
	爱护公物，节约材料，管理现场符合 6S 标准	6			
专业能力	专业知识扎实，有较强的自学能力	10			
	操作积极，训练刻苦，具有一定的动手能力	15			
	技能操作规范，遵守安装工艺，工作效率高	10			
工作成果	缓冲器安装符合工艺规范，安装质量高	20			
	工作总结符合要求	10			
总　分		100			
总评	自我评价 ×20%+ 小组评价 ×20%+ 教师评价 ×60%=	综合等级	教师（签名）：		